南京市生产建设项目
水土保持监督管理标准化研究

卢慧中 金 秋 ◎著

河海大学出版社
·南京·

图书在版编目(CIP)数据

南京市生产建设项目水土保持监督管理标准化研究／卢慧中，金秋著. -- 南京：河海大学出版社，2023.10
　ISBN 978-7-5630-8488-3

Ⅰ.①南… Ⅱ.①卢… ②金… Ⅲ.①基本建设项目—水土保持—监督—标准化管理—研究—南京 Ⅳ.①S157-65

中国国家版本馆 CIP 数据核字(2023)第 197539 号

书　　名	南京市生产建设项目水土保持监督管理标准化研究
书　　号	ISBN 978-7-5630-8488-3
责任编辑	曾雪梅
特约校对	孙　婷
装帧设计	张育智　刘冶
出版发行	河海大学出版社
地　　址	南京市西康路 1 号(邮编：210098)
电　　话	(025)83737852(总编室)　(025)83722833(营销部)
经　　销	江苏省新华发行集团有限公司
排　　版	南京布克文化发展有限公司
印　　刷	广东虎彩云印刷有限公司
开　　本	710 毫米×1000 毫米　1/16
印　　张	7.75
字　　数	131 千字
版　　次	2023 年 10 月第 1 版
印　　次	2023 年 10 月第 1 次印刷
定　　价	50.00 元

前言

中共中央、国务院印发《关于加强新时代水土保持工作的意见》指出，依法严格人为水土流失监管，健全监管制度和标准，创新和完善监管方式。南京市由于城市建设发展迅速，城市规模不断扩大，由生产建设项目引发的人为水土流失问题较为严重，是江苏省水土流失防治任务较为艰巨的城市之一。

近年来，南京市水土保持监督管理工作在加强法规制定、规范行业管理、完善监管流程、创新监管手段、承接审批下放等方面进行了大量的探索，取得了较好的成效。当前南京市生产建设项目数量、规模呈快速增长趋势，需要开展监督管理的工作量巨大。而在监督管理过程中缺乏统一的标准，监管重点和尺度不统一，难以确保成果的真实准确、权威可靠、共享互用，严重制约了水土保持监督管理能力的提升。

本书分析了南京市生产建设项目的特点、水土保持监督管理现状和存在的问题，综合项目类型、防治责任范围、土石方挖填总量、风险等级4个指标，创新提出了南京市生产建设项目分类监管方法，实现对生产建设项目的精准分类监管；明确了南京市生产建设项目水土保持监督管理标准化的工作内容、工作流程和技术方法，并以此为基础编制南京市生产建设项目水土保持监督管理技术导则，以标准化促进水土保持行业管理，从而提高水土保持监管效率，引领水土保持高质量发展。

本书的出版得到了南京水务科技项目（202103）、南京水利科学研究院中央级公益性科研院所基本科研业务费专项资金项目（Y921004）和南京水利科学研究院专著资金的资助。参与本书撰写出版的，还有南京市水务局丁鸣鸣，南京市水土保持管理中心徐学东、钱洲，南京水利科学研究院雷少华，在此一并表示感谢。

目录

第1章　绪论 ……………………………………………………………… 001
  1.1　背景和意义 …………………………………………………………… 002
    1.1.1　研究背景 ………………………………………………………… 002
    1.1.2　研究意义 ………………………………………………………… 003
  1.2　研究进展 ……………………………………………………………… 003
    1.2.1　法律法规、规章及规范性文件 ………………………………… 003
    1.2.2　相关标准 ………………………………………………………… 007
    1.2.3　水土保持监督管理 ……………………………………………… 010
  1.3　存在问题 ……………………………………………………………… 019
    1.3.1　监督管理任务繁重 ……………………………………………… 020
    1.3.2　监督管理技术方法单一 ………………………………………… 020
    1.3.3　监督管理缺乏统一标准 ………………………………………… 020
  1.4　研究内容与方法 ……………………………………………………… 020
    1.4.1　研究内容 ………………………………………………………… 020
    1.4.2　研究方法 ………………………………………………………… 021
    1.4.3　研究技术路线 …………………………………………………… 022

第2章　研究区概况 …………………………………………………… 023
  2.1　自然条件 ……………………………………………………………… 024
    2.1.1　地形地貌 ………………………………………………………… 024
    2.1.2　气象 ……………………………………………………………… 024
    2.1.3　河流水系 ………………………………………………………… 024
    2.1.4　土壤与植被 ……………………………………………………… 025

2.1.5　土地资源 ………………………………………………………… 025
　　　2.1.6　水资源 …………………………………………………………… 025
　　　2.1.7　森林资源 ………………………………………………………… 025
　2.2　社会经济条件 ………………………………………………………… 026
　2.3　水土流失状况 ………………………………………………………… 026
　2.4　水土保持监督工作现状 ……………………………………………… 027
　　　2.4.1　法规制定与时俱进 ……………………………………………… 027
　　　2.4.2　行业管理日益规范 ……………………………………………… 027
　　　2.4.3　行政审批不断加强 ……………………………………………… 028
　　　2.4.4　监管流程逐步细化 ……………………………………………… 028
　　　2.4.5　监管手段持续创新 ……………………………………………… 029

第3章　南京市生产建设项目监督管理研究 ……………………………… 031
　3.1　南京市生产建设项目水土保持方案管理情况 ……………………… 032
　　　3.1.1　南京市近年水土保持方案审批数量和范围变化情况分析
　　　　　　…………………………………………………………………… 032
　　　3.1.2　南京市近年水土保持方案审批项目类型变化情况分析
　　　　　　…………………………………………………………………… 033
　　　3.1.3　方案数量及编制单位变化情况分析 …………………………… 036
　3.2　南京市生产建设项目监管分类方法 ………………………………… 038
　　　3.2.1　项目类型 ………………………………………………………… 038
　　　3.2.2　防治责任范围 …………………………………………………… 038
　　　3.2.3　土石方挖填方总量 ……………………………………………… 039
　　　3.2.4　水土流失风险等级 ……………………………………………… 040
　　　3.2.5　生产建设项目监管分类方法 …………………………………… 042

第4章　生产建设项目水土保持监督管理技术方法研究 ………………… 045
　4.1　高分遥感技术 ………………………………………………………… 046
　4.2　无人机遥感技术 ……………………………………………………… 048
　4.3　三维激光扫描技术 …………………………………………………… 052
　4.4　视频监控技术 ………………………………………………………… 052
　4.5　泥沙监控技术 ………………………………………………………… 053

4.6 智能移动终端数据管理技术 ·········· 054
4.7 生产建设项目水土保持监管技术方法特点分析 ·········· 054
4.8 无人机遥感在水土保持监管中的应用 ·········· 055
    4.8.1 无人机航摄 ·········· 056
    4.8.2 信息提取 ·········· 059
    4.8.3 扰动范围合规性判断 ·········· 060
    4.8.4 遥感信息提取 ·········· 063
    4.8.5 建议与对策 ·········· 063

第 5 章 水土保持监督管理工作内容和流程 ·········· 065
5.1 水土保持方案实施情况跟踪检查 ·········· 066
    5.1.1 工作内容 ·········· 066
    5.1.2 工作流程 ·········· 067
    5.1.3 监管重点 ·········· 071
    5.1.4 监管指标 ·········· 072
5.2 水土保持设施自主验收情况核查 ·········· 073
    5.2.1 核查内容 ·········· 073
    5.2.2 核查流程 ·········· 073
5.3 水土保持监督管理流程 ·········· 075
    5.3.1 监管对象 ·········· 075
    5.3.2 监管目标 ·········· 075
    5.3.3 水土保持监督管理流程图 ·········· 075

第 6 章 结论与展望 ·········· 079
6.1 结论 ·········· 080
6.2 展望 ·········· 080

参考文献 ·········· 082
附件 南京市生产建设项目水土保持监督管理技术导则(试行) ·········· 087

第 1 章
绪论

1.1 背景和意义

1.1.1 研究背景

我国是世界上土壤侵蚀最为严重的国家之一,生产建设项目人为水土流失是典型的现代人为加速侵蚀。高强度开发建设造成大规模的土壤裸露、水土资源扰动,其特征是强度大、历时短、危害强。影响城市生态环境、防洪安全和居民财产安全。

党的十九大把生态文明建设作为关系中华民族永续发展的根本大计,摆在治国理政的重要位置。水土保持作为生态文明建设的重要内容,被纳入国家"五位一体"总体布局和"四个全面"战略布局。贯彻落实习近平生态文明思想,要求水土保持必须以强化人为水土流失监管为重点,加快完善水土保持制度体系,强化制度执行。

为深入贯彻落实党中央、国务院决策部署,加快推进生态文明建设,水行政主管部门需深化"放管服"改革,不断加强水土保持监管能力建设。《水利部关于进一步深化"放管服"改革全面加强水土保持监管的意见》(水保〔2019〕160号)为近年来强监管的总要求,从"放"(深化简政放权,精简优化审批)、"管"(加强事中事后监管,严格责任追究)、"服"(优化政务服务,提升服务效能)三个方面,对新形势下加强水土保持监督管理工作做出了全面的安排。在新形势下,为进一步规范江苏省生产建设项目水土保持工作,江苏省水利厅全面梳理和借鉴现有的生产建设项目水土保持管理制度,结合本省实际发布《江苏省生产建设项目水土保持管理办法》(苏水规〔2021〕8号)。水土保持监管深度改革有效解决了一些结构性矛盾,较好地实现了从前期监管到过程严管的转变(刘宪春,2020)。

随着"放管服"改革的不断深入,大量生产建设项目水土保持方案审批事项下放到地方基层,水土保持监督管理和行政执法主要由市县两级实施,基层机构的任务相当繁重(兰立军等,2021;陆盛添,2021;彭晓刚等,2021;吴铭军,2021;吴永杰等,2021;张娟,2021)。加之水土保持方案资质管理方式转变,水土保持监督管理面临新的挑战。

1.1.2 研究意义

南京市地处长江下游,属宁镇扬丘陵地区,最大相对高差近 450 m,低山丘陵地貌占全市面积的 58.35%,属亚热带季风气候区,汛期雨量占全年总降水量的 60% 以上,较易发生自然水土流失(钱洲等,2020)。同时,南京市由于城市建设发展迅速,城市规模不断扩大,由生产建设项目引发的人为水土流失问题较为严重。根据《2021 年江苏省水土流失动态监测报告》,南京市轻度及以上水土流失总面积为 336.52 km²,占南京市域总面积 5.11%,是江苏省水土流失防治任务较为艰巨的城市之一。

近年来,南京市水土保持监督管理工作在加强法规制定、规范行业管理、完善监管流程、创新监管手段、承接审批下放等方面进行了大量的探索,取得了较好的成效。当前南京市生产建设项目数量、规模呈快速增长趋势,需要开展监督管理的工作量巨大。而在监督管理过程中缺乏统一的标准,监管重点和尺度不统一,难以确保成果的真实准确、权威可靠、共享互用,严重制约水土保持监督管理能力的提升。因此,本研究拟通过搜集资料、现场调研等方法,分析南京市生产建设项目水土保持监督管理现状和存在的问题,提出南京市生产建设项目水土保持监督管理标准化的工作内容、工作流程和技术方法,编制南京市生产建设项目水土保持技术导则,以标准化促进水土保持行业管理,从而提高水土保持监管效率,引领水土保持高质量发展。这对有效促进南京市水土保持行业监管具有重要的现实意义。

1.2 研究进展

1.2.1 法律法规、规章及规范性文件

《中华人民共和国水土保持法》第二十九条规定:县级以上人民政府水行政主管部门、流域管理机构,应当对生产建设项目水土保持方案的实施情况进行跟踪检查,发现问题及时处理。第四十三条规定:县级以上人民政府水行政主管部门负责对水土保持情况进行监督检查。流域管理机构在其管辖范围内可以行使国务院水行政主管部门的监督检查职权。

为加强生产建设项目水土保持监督管理工作，水利部相继出台了系列规范性文件。对近几年水土保持监督管理重要文件进行梳理，按照要求，可将它们分为强监管总要求、强化水土保持方案审批管理、强化事中事后监管、强化责任追究4大类，详见表1-1。

《水利部关于加强事中事后监管规范生产建设项目水土保持设施自主验收的通知》（水保〔2017〕365号）中要求，强化生产建设项目水土保持事中事后监管，做好对生产建设项目水土流失防治情况的监督检查。各级水行政主管部门要切实履行法定职责，进一步做好水土保持方案实施情况的跟踪检查，要严格规范检查程序和行为，突出检查重点，强化检查效果，督促生产建设单位落实各项水土流失防治措施。要加强对水土保持设施自主验收的监管，开展对自主验收的核查，落实生产建设单位水土保持设施验收和管理维护主体责任（李想，2021）。

《水利部关于进一步深化"放管服"改革全面加强水土保持监管的意见》（水保〔2019〕160号）文件中，从"放"（深化简政放权，精简优化审批）、"管"（加强事中事后监管，严格责任追究）、"服"（优化政务服务，提升服务效能）三个方面，对新形势下加强水土保持监督管理工作做出了全面的安排。要求各级水行政主管部门和流域管理机构加强对水土保持方案实施情况的跟踪检查和验收核查。

《生产建设项目水土保持监督管理办法》（办水保〔2019〕172号）明确对生产建设项目开展的水土保持监督检查，包括对水土保持方案实施情况的跟踪检查和对水土保持设施自主验收的核查。流域管理机构和地方各级水行政主管部门开展跟踪检查，应当采取遥感监管、现场检查、书面检查、"互联网＋监管"相结合的方式，实现在建项目全覆盖。水行政主管部门应当从已报备的生产建设项目中选取水土保持监测评价结论为"红"色的，以及根据跟踪检查和验收报备材料核查的情况发现可能存在较严重水土保持问题的，开展水土保持设施验收情况核查。

《水利部办公厅关于做好生产建设项目水土保持承诺制管理的通知》（办水保〔2020〕160号）明确了实施承诺制管理的生产建设项目范围，流域管理机构和地方各级水行政主管部门应当按照监管权限，采取书面检查、现场检查、"互联网＋监管"等方式，对生产建设单位履行承诺情况进行全覆盖监督检查。

表 1-1　近几年水利部水土保持监督管理重要文件

序号	要求	文件及文号
1	强监管总要求	《水利部关于进一步深化"放管服"改革全面加强水土保持监管的意见》(水保〔2019〕160 号)
2	强化水土保持方案审批管理	《水利部生产建设项目水土保持方案变更管理规定(试行)》(办水保〔2016〕65 号) 《水利部办公厅关于印发〈水利部生产建设项目水土保持方案技术评审细则(试行)〉的通知》(办水保〔2018〕47 号) 《水利部办公厅关于印发生产建设项目水土保持技术文件编写和印制格式规定(试行)的通知》(办水保〔2018〕135 号) 《水利部办公厅关于做好生产建设项目水土保持承诺制管理的通知》(办水保〔2020〕160 号) 《水利部办公厅关于进一步优化开发区内生产建设项目水土保持管理工作的意见》(办水保〔2020〕235 号) 《生产建设项目水土保持方案管理办法》(水利部令第 53 号)
3	强化事中事后监管	《水利部关于加强事中事后监管规范生产建设项目水土保持设施自主验收的通知》(水保〔2017〕365 号) 《水利部办公厅关于印发生产建设项目水土保持设施自主验收规程(试行)的通知》(办水保〔2018〕133 号) 《水利部办公厅关于印发生产建设项目水土保持监督管理办法的通知》(办水保〔2019〕172 号) 《水利部水土保持司关于印发生产建设项目水土保持设施自主验收报备申请、报备回执及验收核查意见参考式样的通知》(水保监督函〔2019〕23 号) 《水利部办公厅关于进一步加强生产建设项目水土保持监测工作的通知》(办水保〔2020〕161 号)
4	强化责任追究	《水利部办公厅关于印发生产建设项目水土保持问题分类和责任追究标准的通知》(办水保函〔2020〕564 号)(配套办水保〔2019〕172 号文件,修订水保监督函〔2019〕20 号) 《水利部办公厅关于实施生产建设项目水土保持信用监管"两单"制度的通知》(办水保〔2020〕157 号)

结合"放管服"改革要求和水利改革发展总基调,水利部对新时期水土保持监管的各项职能进行了明确、细化,提出了更有指向性和操作性的要求,明确了各权责事项及履职方式(刘宪春等,2020)。按照《水利部办公厅关于开展 2020 年度生产建设项目水土保持监督管理督查的通知》(办水保函〔2020〕403 号)要求,采取现场查阅资料、座谈交流和深入在建项目现场调查等方式,全面了解基层机构履行生产建设项目水土保持监督管理责任情况。督查内容主要包括水土保持方案审查审批、在建项目监督检查、水土保持设施自主验收管理、行政执法及其他情况等 5 个方面 28 个指标(沈雪建等,2021)。其中,对于生产建设项目水土保持监督检查的要求涵盖监督检查的方式、覆盖

范围、检查程序和相关文书的规范性。具体如下：

①监督检查，包括跟踪检查与自验核查；

②制定监督检查计划；

③掌握本级审批的在建项目数量及具体数量；

④实现在建项目全覆盖；

⑤现场检查率不低于本级审批方案在建项目的10%；

⑥现场检查全面推行"双随机一公开"模式；

⑦在现场检查完成后10个工作日内将检查意见以书面形式告知生产建设单位；

⑧监督检查意见规范；

⑨对限期治理或整改的进行跟踪检查；

⑩在官网公开跟踪检查和整改落实情况，并将相关信息及时录入全国水土保持信息管理系统；

⑪对自主验收报备项目有核查计划；

⑫核查意见结论明确。

2023年1月3日，中共中央办公厅、国务院办公厅印发《关于加强新时代水土保持工作的意见》，意见中强调要依法严格人为水土流失监管。健全监管制度和标准；依法落实生产建设项目水土保持方案制度，加强全链条全过程监管。针对不同区域、不同行业特点，明确差异化针对性要求，分类精准监管。完善农林开发等生产建设活动水土流失防治标准，严格依照标准实行监管。深化"放管服"改革，持续推进水土保持审批服务标准化、规范化、便利化，进一步优化营商环境，培育和激发市场主体活力。创新和完善监管方式：加强对人为水土流失风险的跟踪预警，提高监管精准化、智能化水平，推动实现无风险不打扰、低风险预提醒、中高风险严监控。

2013年11月29日，江苏省第十二届人民代表大会常务委员会第六次会议通过《江苏省水土保持条例》。围绕"简政放权、放管结合、优化服务"，适应行政审批改革，2017年6月3日江苏省第十二届人民代表大会常务委员会第三十次会议通过了修正后的《江苏省水土保持条例》，2021年9月29日又进行了第二次修正。2022年2月1日，《江苏省生产建设项目水土保持管理办法》(苏水规〔2021〕8号)(下文简称《管理办法》)正式施行。《管理办法》全面梳理和借鉴现有的生产建设项目水土保持管理制度，是江苏省首个全面规范生产建设项目水土保持工作的规范性文件，对全省水土保持监督管理工作具有重要的指导意义。《管理办法》明确了生产建设项目水土保持工作的责任主体要求，固化了监督检查要求和设施验收管理程序，提出了责任追究有关情形，在方案报批时间、区域评估、承诺制管理、方案变更、责任追究等方面进行了细化完善。

南京市市级水土保持法规制定工作开展较早，1998年12月9日颁布了《南京市水土保持办法》。2014年，在《江苏省水土保持条例》实施后，南京市于第2年修订了《南京市水土保持办法》（以下简称《办法》）并颁布实施，为南京市水土保持工作依法依规开展奠定了基础（钱洲等，2020）。《办法》指出，市水行政主管部门负责全市水土保持工作。区水行政主管部门按照管理权限负责辖区内水土保持工作。水行政主管部门应当加强对其批准的水土保持方案实施情况的监督检查，水土保持监督检查结果，应当向被检查单位或者个人反馈。为进一步贯彻《水利部关于进一步深化"放管服"改革全面加强水土保持监管的意见》（水保〔2019〕160号）、《水利部办公厅关于进一步优化开发区内生产建设项目水土保持管理工作的意见》（办水保〔2020〕235）等文件精神，南京市水务局发布《关于进一步加强开发区区域水土保持工作的通知》（宁水农〔2021〕270号），明确严格落实区域水土保持主体责任，大力推进区域水土保持监测，加强区域水土保持监督管理。加强对开发区内生产建设项目水土保持事中事后监管，督促各开发区对区域水土保持推进情况进行跟踪检查。

1.2.2 相关标准

1.2.2.1 国家标准

2008年后，生产建设项目水土保持相关标准陆续颁布。2008年颁布实施的《开发建设项目水土保持技术规范》（GB 50433—2008）、《开发建设项目水土流失防治标准》（GB 50434—2008）明确了生产建设项目水土流失防治技术标准；2014年颁布的《水土保持工程设计规范》（GB 51018—2014），对生产建设项目水土流失防治各类工程的工程等级、设计标准、工程设计等作了详尽规定。

随着我国经济社会的进一步发展,人们对水土保持及生态环境的要求越来越高,原有生产建设项目水土流失防治的技术标准已不能满足新时代新形势防治水土流失的需求。为此,水利部组织对两个标准进行了修订,修订后的两部标准分别称为《生产建设项目水土保持技术标准》(GB 50433—2018)和《生产建设项目水土流失防治标准》(GB/T 50434—2018)。修订后的标准对水土流失防治责任范围界定作了新规定,取消了直接影响区,对水土流失防治6项指标作了调整,增加了渣土防护率、表土保护率2项指标;将水土保持方案报告书由原来的12章归并简化为8章,强化了水土保持评价、水土保持措施布设及评价结论、总体与分区措施布局、典型措施布局的要求,对水土保持监测点位、监测频次作了量化规定;明确了弃渣场(取土场)变更、水土保持措施变更的补充报告书章节内容,以及新的水土保持方案报告表格式及内容。

为规范和加强生产建设项目监测,保证监测质量,为水土保持方案落实及水土保持措施实施、防治效益发挥提供技术和数据支撑,水利部一贯高度重视和严格要求监测与评价工作。2002年,水利部发布实施《水土保持监测技术规程》(SL 277—2002),提出了生产建设项目监测的原则、内容、主要指标、时段与方法等。2015年,水利部印发《生产建设项目水土保持监测规程(试行)》,进一步明确了监测的主要阶段及其主要工作、监测项目部组建与人员进场、扰动土地监测、取土(石、料)弃土(石、渣)监测、水土流失监测、水土保持措施监测、监测成果要求等。之后,水利部通过相关文件规定了监测成果的主要内容及其示范文本。根据我国经济社会发展对生产建设活动的新要求,基于生产建设项目水土保持工作的经验积淀和最新发展,在水利部的指导下,水利部水土保持监测中心会同有关单位,经调研、总结和征求意见,编制了《生产建设项目水土保持监测与评价标准》(GB/T 51240—2018),与《生产建设项目水土保持技术标准》(GB 50433—2018)、《生产建设项目水土流失防治标准》(GB/T 50434—2018)相辅相成,体现在监测的范围、分区、时段、监测点布设、监测方法与频次、防治评价等各个方面(李智广,2019)。

在技术规定方面,针对日益加强的水土保持信息化监管工作,水利部办公厅于2018年1月印发了《生产建设项目水土保持信息化监管技术规定(试行)》(办水保〔2018〕17号)(韩登坤等,2021),2018年6月印发了《国家水土保持重点工程信息化监管技术规定(试行)》(办水保〔2018〕107号),规范并加强了生产建设项目和国家水土保持重点工程信息化监管工作,明确了监管对象、内容、技术方法和要求,保证了监管工作质量,提高了监管水平。

根据水利技术标准体系表(2021版),目前有关生产建设项目的水土保持国家标准和行业标准如表1-2所示。

表1-2 水利技术标准体系表(2021版)中有关生产建设项目水土保持国家标准和行业标准

序号	功能序列	标准名称	标准编号	编制状态	备注
386	01 通用	《土壤侵蚀分类分级标准》	SL 190—2007	正在修订	修订时合并《水土流失危险程度分级标准》(SL 718—2015)相关内容
391	03 勘测	《水土保持工程调查与勘测标准》	GB/T 51297—2018	已颁	
392	04 设计	《水土保持工程设计规范》	GB 51018—2014	已颁	
393	04 设计	《生产建设项目水土保持技术标准》	GB 50433—2018	已颁	修订时合并《生产建设项目土壤流失量测算导则》(SL 773—2018)、《水利水电工程水土保持技术规范》(SL 575—2012)和《输变电项目水土保持技术规范》(SL 640—2013)相关内容
394	04 设计	《生产建设项目水土流失防治标准》	GB/T 50434—2018	已颁	
396	06 监理与验收	《水土保持工程施工监理规范》	SL 523—2011	正在修订	修订后名称将修改为《水土保持监理规范》
398	06 监理与验收	《开发建设项目水土保持设施验收技术规程》	GB/T 22490—2008	正在修订	修订后名称将修改为《生产建设项目水土保持设施验收技术规程》
399	07 监测预测	《生产建设项目水土保持监测与评价标准》	GB/T 51240—2018	已颁	

1.2.2.2 地方标准

在地方标准的制定方面,北京市总结房地产开发建设项目水土流失防治经验,借鉴国内外先进的生态环境保护理念,于2009年7月下发《北京市房地产建设项目水土保持方案技术导则》,对雨洪利用设施如集雨池、透水铺装和下凹式绿地等措施进行了明确的规范(刘娜等,2019)。

2020年西安市市场监督管理局发布了《城市生产建设项目水土保持技术规范》(DB6101/T 3094—2020)。与《生产建设项目水土保持技术标准》(GB 50433—2018)和《生产建设项目水土流失防治标准》(GB/T 50434—2018)相比,删除了"水土流失分析与预测"一章,在防治指标方面,结合城市水土保持特点,增加了"下凹式绿地率""透水铺装率""综合径流系数""雨水径流滞蓄率"和"土石方综合利用率"五大指标,报告书编制内容和防治指标更能反映城市水土保持的特点,尤其是强化了与建设海绵城市相关的措施及指标要求(张军政等,2022)。

2021年,北京市水务局结合生产建设项目水土保持事中事后监管需求,制定出台《生产建设项目水土保持遥感信息应用技术规范》(DB11/T 1829—2021)。这也是全国首个水土保持遥感监管地方标准,为人为水土流失详查提供了方法和依据。该标准从遥感数据源、技术流程与方法、成果要求等环节入手,对生产建设项目水土保持遥感信息应用进行了规范。该标准特别提出,优先采用国产卫星遥感影像,在无数据或数据质量较差时选择其他影像数据作补充。

2023年5月,上海市水务局为持续深化水土保持"放管服"改革和优化营商环境,规范和指导上海市辖区内生产建设项目水土保持全过程管理工作,根据上海市水务局标准化工作计划,结合上海市生产建设项目水土保持管理工作实践和经验,发布《上海市生产建设项目水土保持全过程管理工作指南》(DB31 SW/Z 004—2023)。主要技术内容包括总则、术语、基本规定、水土保持方案编报、水土保持方案实施、水土保持设施验收、非水土流失易发区等。

1.2.3 水土保持监督管理

1.2.3.1 生产建设项目分类管理

在选择检查方式前,对生产建设项目进行分类是前提,不同类型、不同级别的项目应选择不同的监管方式。项目实施过程中潜在水土保持危害大的项目应实施重点监管,采取现场检查、监督性监测等方式开展监管;潜在水土保持危害较轻的项目可探索进一步简化验收制度和流程,采取书面检查方式开展监管。可根据项目规模、占地情况、扰动特点和特殊位置等情形结合"放管服"政策实行项目分类管理和验收,把监管的工作重心放在有潜在水土保持危害的项目上(聂斌斌等,2021)。

第1章 绪论

姜德文(2021)强调针对重点区域、重点项目、重点行为要实现精准智能监管。各类生产建设项目数量巨大,水土保持监管的区域、项目、频次等不应等同对待,应重点监管水土保持重要敏感区内的生产建设活动,分类分级实施精准监管。加大对水土保持影响度大的生产建设项目监管,加密水土流失影响及危害严重活动的跟踪监管,以较少的人力、物力、财力,实现更高效率、更好质量的监管。

水利部"生产建设项目水土保持分类管理"课题研究,采用全国不同区域、不同类别项目的大数据调查分析,将涉及水土保持的30多类生产建设项目的水土保持影响程度分为极严重、严重、中度、较轻、较轻微共5级,具体成果见表1-3。

表1-3 生产建设项目水土流失影响程度分级

序号	水土流失影响程度	涉及工程类别
1	极严重	公路、铁路、露天矿工程(包括露天金属矿、非金属矿和煤矿)、林浆纸一体化工程等4大类6小类
2	严重	机场工程、核电站工程、水利枢纽工程、水电站工程、工业园项目等5大类
3	中等	涉水交通、风电、引调水工程、井采矿工程、油气开采工程、油气管道工程、轨道交通工程、农林开发工程、火电等9大类12小类
4	较轻	灌区工程、堤防工程、蓄滞洪区工程、其他小型水利工程、油气储存与加工工程、管网工程、加工制造、输变电工程等8大类
5	较轻微	房地产工程、其他类城建工程、社会事业(教育、卫生、文化、广电、旅游等)、信息产业(电信、邮政等)、其他等5大类

从项目重点监管类别看,对属于水土保持影响程度高的项目加大监管频率和力度,如公路、铁路、机场、水电站、水利枢纽、核电站、露天采矿等极严重和严重影响类项目,以及火电厂、风电厂、井采矿、油气田开采、输油输气管道、城市轨道交通等中等影响类项目(表1-4)。

表1-4 生产建设项目水土保持影响要素分析与研究结果

主要工程类别	平均占地及扰动地表面积/hm²	平均土石方挖填总量/(10^4 m³)	平均弃渣量/(10^4 m³)	平均建设总工期/月	水土流失影响程度等级
公路(线形工程)	794(100 km)	1 745(100 km)	319(100 km)	40.6	极严重
铁路(线形工程)	559(100 km)	1 350(100 km)	484(100 km)	44.1	极严重

续表

主要工程类别	平均占地及扰动地表面积/hm²	平均土石方挖填总量/(10^4 m³)	平均弃渣量/(10^4 m³)	平均建设总工期/月	水土流失影响程度等级
输变电(线形工程)	31(100 km)	37(100 km)	2(100 km)	19.1	较轻微
输油输气(线形工程)	256(100 km)	205(100 km)	7(100 km)	22.3	中等
机场	407	2 569	57	32.4	严重
火电厂	123	275	67	34.7	中等
核电站	382	2 627	191	86.5	严重
风电厂	34	39	1	11.8	中等
水利枢纽	991	576	191	42.5	严重
灌区	270	743	38	39.7	较轻
引调水	171	156	39	19.2	中等
水电站	374	1 711	825	78.4	严重
露天采矿	1 041	10 859	7 889	33.7	极严重
井采矿	92	234	61	39.6	中等
油气田开采	655	1 370	61	35.4	中等
城市轨道交通	95	559	190	44.7	中等
房地产	8	6	3	21.6	较轻微

在判别项目类别的水土流失影响程度基础上，进一步调查分析项目所属的水土保持区划一级区、是否属于水土流失重点防治区、项目所在地水土保持是否敏感等因素，综合分析评价后将生产建设项目的水土保持敏感性划分为极敏感、敏感和轻度敏感3个等级，再根据项目占地、土石方量规模，实施水土保持分类管理。

根据生产建设项目水土保持分类管理研究成果，综合分析项目水土流失影响程度、水土保持敏感性、影响规模三大要素，将生产建设项目水土保持管理分为A、B、C三类，水土保持后续设计、监测、监理、验收评估等要求，以及监督管理方式、监管频率与分类管理相对应(表1-5)。如A类极敏感项目，应进行年度全面检查和重点检查，监管工作由水利部及其流域管理机构、省级管理部门重点负责；A类敏感、轻度敏感和B类极敏感、敏感程度的项目，实施重点时段、重点地段检查，监管工作由省级、地市级重点负责；对于B类轻度敏感和C类项目，适当简化检查方式、内容、频次，监管工作由县级重点负责。实现分类分级，科学精准管理。

表 1-5 生产建设项目水土保持分类管理

水土保持分类管理	水土保持管理级别及分类管理措施								
	A 类			B 类			C 类		
	极敏感	敏感	轻度敏感	极敏感	敏感	轻度敏感	极敏感	敏感	轻度敏感
一、水土保持方案管理									
1. 水土保持方案形式	报告书			报告表			登记表		
2. 水土保持方案审查审批	须经专门技术评审,再批复			县级审批,必要时可咨询专家			县级报备		
二、水土保持后续设计	主体工程后续设计中应有水土保持篇章						主体工程后续设计中应有水土保持内容		
三、水土保持监督检查	年度全面检查	重点时段、重点地段检查		县级抽查					
四、水土保持监理	水保专项监理,监理报告	主体监理单位中应有水保监理工程师,监理报告		主体监理中应有水土保持监理内容					
五、水土保持监测	按技术标准和文件全面监测,提交各类成果报告		简化监测			自行监控水土流失			
六、水土保持设施验收									
1. 自主验收	验收报告、监测报告、技术评估报告			验收报告			验收表		
2. 行政核查	重点检查			一般检查			县级抽查		

深圳市水土保持监督执法采用日常检查、汛前专项检查、"双随机"抽查等方式,对全市在建生产建设项目检查全覆盖(黄守科等,2021)。在全市范围内开展生产建设项目水土保持汛前监督检查专项行动中,首创以裸露地表面积、项目堆土(渣)量、项目汇水面积、边坡高度四个因子划分生产建设项目水土流失隐患风险等级(表 1-6),重点加强对全市重大水土流失风险的项目的监管,强化项目参建单位水土流失防治职责落实和整改(欧阳慧等,2021)。

表 1-6 深圳市生产建设项目水土流失隐患风险等级划分(试行)

因子赋值等级	裸露地表面积/hm²	项目堆土(渣)量/(10⁴m³)	项目汇水面积/hm²	边坡高度/m	
				土石混合边坡	土质边坡
重大	≥15	≥20	≥20	≥20	≥20
严重	10(含)~15	10(含)~20	10(含)~20	10(含)~20	10(含)~20

续表

因子赋值等级	裸露地表面积/hm²	项目堆土(渣)量/(10⁴m³)	项目汇水面积/hm²	边坡高度/m	
				土石混合边坡	土质边坡
一般	5(含)～10	5(含)～10	5(含)～10	5(含)～10	5(含)～10
轻微	1(含)～5	0.5(含)～5	1(含)～5	2(含)～5	3(含)～5
无明显	<1	<0.5	<1	<2	<3

说明：1. 生产建设项目只要符合上表四个因子中任一个因子相应等级的数值，即判定为属于该等级，最终取等级最高的隐患风险等级作为该项目的水土流失隐患风险等级划分结果。

2. 对于余泥渣土受纳场项目，凡是正在施工或运营或水土保持设施未经验收或验收不合格的，一律划分为严重隐患以上风险等级，任一个因子符合重大隐患风险等级的，划分为重大隐患风险等级。

3. 根据项目现状水土保持措施（截排水沉沙、绿化覆盖等）落实情况、边坡治理情况及项目所处位置的敏感程度，其水土流失隐患风险等级可酌情进行降级或升级调整。（例如根据方案及后续设计，当前阶段排水沟规格为 10 年一遇标准，项目现场布设的排水沟规格符合上述标准且正常发挥作用，则判断为达到理顺水系的防治要求，水土流失隐患风险可相应降低等级。）

4. 基坑边坡、岩石边坡、地质灾害等情况不列入本水土流失隐患风险等级划分范围。

5. 本次划分等级的生产建设项目水土流失隐患不等同于水土流失危害。

6. 上表中各因子的等级赋值根据深圳市多年以来水土保持工作的实践经验进行划分。

此外，为提升精准监管效率与效能，在分级分类开展生产建设项目监督管理工作时，应抓住生产建设项目立项、开工、建设和验收等节点，并进一步对生产建设项目与水土流失有关的建设状态进行细化。目前项目建设状态仅分为未建、在建、已验 3 类。以在建为例，根据施工工序可细化为场地平整、基坑开挖、桩基施工等土石方施工阶段。细化开工前期、施工过程、工程完工 3 个时段的关键水土保持措施跟踪监管，使其更加及时、有效地全面支撑水土保持检查、监督、执法，全面提升监管效率与水平。

1.2.3.2　监管方式

传统的生产建设项目水土保持监督管理的检查方式有现场检查、专题会议、书面检查、监督性监测等，随着水土保持信息化监管能力的提高，遥感监管、互联网＋监管等新兴技术手段开始得到广泛应用。目前已有的检查方式详见表 1-7。

《水利部流域管理机构生产建设项目水土保持监督检查办法（试行）》（办水保〔2015〕132 号）提出，"跟踪检查主要采取现场检查方式，也可采取召开专题会议、生产建设单位提交书面报告等方式"。随着水土保持信息化监管能力的提高，《生产建设项目水土保持监督管理办法》（办水保〔2019〕172 号）提出，"流域管理机构和地方各级水行政主管部门开展跟踪检查，应当采取遥感监管、现场检查、书面检查、'互联网＋监管'"相结合的方式，实现在建项目全

第1章 绪论

覆盖。在传统检查的基础上,增加了遥感监管、和"互联网+监管"。《长江水利委员会部批生产建设项目水土保持监督检查办法》(长水土〔2020〕669号),对现场检查、监管监测、书面检查三种不同检查方式的组织实施、检查程序和工作要求进行了细化。《江苏省生产建设项目水土保持管理办法》(苏水规〔2021〕8号)第四十二条规定,县级以上水行政主管部门应当采取现场检查、书面检查、遥感监管、"互联网+监管"相结合的方式,实现在建项目全覆盖。

表1-7 检查方式一览表

文件	水利部		长江水利委员会	江苏省水利厅
	办水保〔2015〕132号	办水保〔2019〕172号	长水土〔2020〕669号	苏水规〔2021〕8号
现场检查	√	√	√	√
专题会议	√			
书面检查	√	√	√	√
遥感监管		√		√
互联网+监管		√		√
监管监测			√	

现场检查是水行政主管部门对生产建设项目水土保持方案实施情况进行现场巡查的一种检查方式。可快速、有效对生产建设项目现场情况进行定性判断,但取、弃土场防护情况,水土保持措施落实情况等涉及大量的定量统计工作,仅采用皮尺、全站仪、三维激光扫描仪等传统测量方式,工作效率无法满足跟踪检查现场工作的要求。

书面检查是水行政主管部门对生产建设项目水土保持方案实施情况进行检查的一种检查方式,组织生产建设单位开展自查,上报自查材料,水行政主管部门对自查材料进行审核和分析整理,针对自查工作中发现的问题,印发自查通报,通报自查工作开展情况和发现的问题。

遥感监管即运用高分辨率卫星遥感影像进行区域监管与生产建设项目监管。基于2015—2018年探索形成的生产建设项目水土保持监管示范技术路线,水利部于2018年印发了《国家水土保持监管规划(2018—2020年)》,确定开展生产建设项目集中区域和在建生产建设项目"天地一体化"监管,及时发现违法违规行为(刘宇等,2019;董亚维等,2020;李智广等,2021),2019年实现了对除西藏、新疆、东北三省、内蒙古兴安盟、呼伦贝尔盟(现呼伦贝尔市)、赤峰市、通辽市等区域以外的约550万 km^2 区域的监管全覆盖。根据《水利部办公厅关于推进水土保持监管信息化应用工作的通知》(办水保〔2019〕198号)要求,2020年,水利部组织开展1次覆盖全国的生产建设活动卫星遥感监管,各省级水行政主管部门至少要组织开展1次覆盖全省的生产建设活动水土保持卫星遥感监管;从2021年起,中西部地区、东北三省、北京、天津和河北每年至少组织开展2次,其他省份每年至少组织开展3次(乔恋杰等,2020),实现了生产建设项目水土保持遥感监管的高频次全覆盖。通过开展生产建设项目水土保持遥感监管,及时发现并查处违法违规生产建设项目,推动各级水行政主管部门全面依法履职,实现了从"被动查"到"主动管"的转变。

监管监测即监督性监测,是水行政主管部门对生产建设项目水土保持方案实施情况进行的检查监测方式(王群等,2020;汪水前,2022),可委托第三方技术服务单位开展。政府购买第三方服务是政府以契约化方式将公共服务生产交给社会力量承担,通过竞争机制促进提升公共服务质量和效率。第三方服务作为政府职能的有益补充,通过不断的技术、服务创新和质量、效率的提高,协助政府提供更加质优价廉的公共服务和管理服务。

生产建设项目水土保持监督性监测是从水土保持方案批准到生产建设项目自验结束的全过程监测,重点是:监控生产建设项目落实水土保持方案及设计的情况,为需要重点关注的生产建设项目水土保持监管与执法提供准确的监测数据;加强测管协同的有效衔接,丰富监管方式和手段,推进生产建设项目水土保持监督管理工作信息化和现代化;加强行业管理,提升管理能力与水平(马红斌等,2018)。《水利部流域管理机构生产建设项目水土保持监督检查办法(试行)》(办水保〔2015〕132号)提出,"现场检查可通过政府购买服务的方式,积极推广应用卫星遥感、无人机等先进技术,提高监督检查效能"。《生产建设项目水土保持监督管理办法》(办水保〔2019〕172号)再次强调,"监督检查中的技术性、基础性工作可以通过政府购买服务方式委托有关单位承担"。

"互联网+监管"是水土保持非现场检查的一种方式(王敏,2020),指监督管理部门在互联网支持下,依托遥感影像和现场照片,采用网络视频技术,通过远程可视化协同会商,对生产建设项目水土保持工作情况开展监督检查。2020年6月4日,长江水利委员会联合鄂州水行政主管部门首次应用"互联网+监管"模式,对新建鄂州民用机场项目开展水土保持监督检查。2020年7月,黄河水利委员会、海河水利委员会等流域机构组织流域内有关水行政主管部门对中俄东线天然气管道工程(永清—上海)、北京燃气天津南港LNG应急储备项目、山西朔州新建民用机场项目、辽宁春成工贸集团有限公司内蒙古锡林郭勒盟吉林郭勒矿区二号露天矿、新建铁路银川至西安线(吴忠至甘宁界)、新建中卫至兰州铁路(宁夏段)、新建敦煌至格尔木铁路(青海段)、青海—河南±800kV特高压直流输电工程(青海段)等在建项目水土保持方案实施情况开展了跟踪检查。采取"互联网+监管"方式对生产建设项目水土保持工作开展监督检查,既保证了双向告知的质量,提高了日常监管工作效率,又实现了"网络空间面对面"监管,落实了疫情防控常态化下水土保持强监管。

在水土保持方案实施情况跟踪检查项目及数量方面,《生产建设项目水土保持监督管理办法》(办水保〔2019〕172号)提出,流域管理机构和地方各级水行政主管部门开展跟踪检查,实现在建项目全覆盖。现场检查随机确定检查对象,每年现场检查的比例不低于本级审批方案项目的10%。对有举报线索、不及时整改、不按规定提交水土保持监测季报和纳入重点监管对象的项目应当开展现场检查。《长江水利委员会部批生产建设项目水土保持监督检查办法》(长水土〔2020〕669号)提出,跟踪检查采取现场检查、监管监测、书面检查等方式,每年实现部批在建项目全覆盖,其中现场检查项目比例不低于10%。对有举报线索、不及时整改、不按规定提交水土保持监测成果或监测发现存在严重问题,以及纳入重点监管对象的项目应当进行现场检查;对水土保持监测发现存在较严重问题的项目应随机抽取不少于20%进行现场检查或者监管监测。

在水土保持设施验收核查项目及数量方面,《生产建设项目水土保持监督管理办法》(办水保〔2019〕172号)明确,水行政主管部门应当从已报备的生产建设项目中选取水土保持监测评价结论为"红"色的,以及根据跟踪检查和验收报备材料核查的情况发现可能存在较严重水土保持问题的,开展水土保持设施验收情况核查。

《江苏省生产建设项目水土保持管理办法》(苏水规〔2021〕8号)强调了水土保持监测结果的应用:县级以上水行政主管部门应当加强监测结果应用,对监测季报和总结报告三色评价结论为"绿"色的,可不开展现场检查和验收核查;对监测季报和总结报告三色评价结论为"黄"色的,应随机抽取不少于20%的项目开展现场检查和验收核查;对监测季报和总结报告三色评价结论为"红"色的,应全部开展现场检查和验收核查。

1.2.3.3 水土保持监管特色做法

（1）安吉县

为了解决表土资源供需矛盾日益凸显的问题,安吉县与第三方技术单位合作完成表土信息发布平台建设(张学文,2020)。平台具有以下功能：①管理部门、供求方对表土信息的发布、查询等功能,包含建设项目名称、建设单位、表土需求或供应量、需求或供应时间、地点、联系人、联系方式等；②主管部门通过该信息平台,对表土进行有效监管,掌握地表土来源去向和堆置情况；③建设方通过该信息平台,了解表土供需信息；④表土银行管理功能,即表土堆放场地管理部门可在系统中向主管部门发送表土的消纳情况。

（2）杭州市

以往水土保持方案审批程序,要求建设单位报批前需落实具体的余方处置方案,一定程度上影响审批进度,因此,杭州市推行余方承诺制。水土保持余方处置承诺制是指在水土保持方案报批过程中,工程建设单位按照自愿申请原则,出具工程余方处置承诺函,审批机关先行审批后,可提前作出许可决定(戚德辉,2021)。承诺制的实行进一步简化水土保持方案审批手续,精简了申报材料,优化了审批环节,为建设单位节省办理时间,提高行政审批时效。实行余方处置承诺制的项目,在开工前应及时将余方处置方案报水行政主管部门备案。

（3）深圳市

深圳市作为水利部开展水土保持试点工作的首批城市,通过近二十年的工作实践总结出了"理顺机制、领导关注、规划先行、强化管理、加强监督、健全法制、多方宣传、鼓励创新"的基本原则。同时出台《深圳经济特区水土保持条例》等系列配套法律法规文件,推进水土保持生态环境建设发展。

目前,在深圳市水土保持工作中,水土保持工作队伍及法规体系建设主要通过持续建立健全水土保持行政管理机构、水土保持监督监测队伍、水土保持行政执法队伍、技术服务与推广单位等专业机构人员建设；完善并印发《深圳市生产建设项目水土保持管理规定》《深圳市生产建设项目水土保持方案备案指引(试行)》《深圳市水务局关于规范生产建设项目水土保持设施验收工作的通知》《深圳市生产建设项目水土保持方案编制指南(试行)》《深圳市生产建设项目水土保持初步设计与施工图设计指引》等水土保持管理制度体系建设,弥补法规体系建设空缺及不足。

深圳市水土保持监督执法采用日常检查、汛前专项检查、"双随机"抽查等方式,对全市在建生产建设项目检查全覆盖。在全市范围内开展生产建设项目水土保持汛前监督检查专项行动中,首创以裸露地表面积、项目堆土(渣)量、项目汇水面积、边坡高度四个因子划分生产建设项目水土流失隐患风险等级,重点加强对全市重大水土流失风险的项目进行监管(欧阳慧等,2021)。

(4) 长沙市

长沙市对房建、城市道路等一些相对简单且比较常见的生产建设项目,推行水土保持措施标准化。统一布设围挡、排水、沉沙、苫盖、植物措施,将其制作成示范图样印发,提高了建设单位、施工单位、监理监测单位可操作性,为解决部分项目未取得水土保持方案提前开工的补救措施发挥了很好的作用。同时,对已经编制了水土保持方案的常见项目推行标准化管理,也有很好的参考价值。有的项目虽编制了方案,但由于方案文本厚、数量有限,因此难以实际用于项目现场。标准化图样可以发放到建设、施工、监理、监测等工作人员手上,且携带方便、简单易学、可操作性强,非常利于施工单位照样施工,深受大家欢迎。2021年上半年,长沙各区县、开发区推出标准化典型项目28个,印发标准化措施示范图样3万余份,收到了很好的成效(廖森胜等,2022)。

同时,长沙市以街道(社区)、工业园区、经济开发区等行政区域为管理网格,对网格内生产建设项目实行"网格化"分区管理。在管理区域设立水土保持工作信息员和志愿者,通过专业培训后持证上岗,主要工作内容是对已开工的生产建设项目进行信息采集。主要采集在建项目水土保持方案编制情况,水土保持补偿费缴纳情况,水土保持组织机构、监测、监理工作落实情况和现场水土保持措施布设情况,水土流失情况,等等。在收集信息后及时向水土保持管理部门反馈,有效发挥社会监督作用,实现了网格内生产建设项目监管无死角。目前,长沙已在生产建设项目较多的街道(社区)、工业园区、经济开发区建立管理网格126个,基本实现了重点监管区域全覆盖。

1.3 存在问题

生产建设项目水土保持监督管理相关的课题是水土保持监管的研究热

点,由上文的研究进展可以看出目前已取得了一些成果,但结合南京市水土保持监督管理现状,仍存在以下不足。

1.3.1 监督管理任务繁重

南京市具有城镇化率高、开发强度大,生产建设项目数量多、分布广等特点,由生产建设项目引发的人为水土流失问题较为严重,其造成的水土流失已逐渐成为南京市水土流失的重要来源。2018—2021年,南京市共审批水土保持方案248个,其中承接了80多个省级立项的水土保持方案审批,范围涉及轨道交通、省级公路、高等学校、输变电等建设项目,水土保持监管任务繁重。

1.3.2 监督管理技术方法单一

目前,南京市水土保持监督检查以人工巡查为主,无法全面、实时掌控全市生产建设项目水土流失情况,难以及时、全面发现"未批先建""违规扰动"的情况。虽然各区县水务局购买第三方监督管理技术服务作为技术补充,现有监督检查频次仍然不能满足日常全覆盖、高频率、全过程的检查要求,监督检查现场以定性、人工经验判断为主,无法掌握一些未覆盖的区域的水土流失状况。

1.3.3 监督管理缺乏统一标准

当前南京市生产建设项目数量、规模呈快速增长趋势,需要开展监督管理的工作量巨大。虽然有部省级监督管理规范性文件作为指导,但在实际监管过程中缺乏统一标准,监督管理的内容、方法、要求、程序等不够明确。监管重点和尺度不统一,无法实施分类精准监管,给监督管理工作带来一定难度。且生产建设项目施工期的水土流失防治指标只有渣土防护率、表土保护率两项,不能满足监管要求。

1.4 研究内容与方法

1.4.1 研究内容

针对目前南京市生产建设项目水土保持监督管理方面存在的一些问题,

本书从以下三个方面展开研究。

（1）生产建设项目水土保持监督管理技术方法研究

在搜集资料和深入调研的基础上，梳理当前水行政主管部门在生产建设项目监督管理过程中所采用的工作方法、技术手段等，剖析当前生产建设项目水土保持监督管理领域存在的问题和难点，结合当前水土保持监督管理的需求，融合卫星遥感、大数据、物联网、人工智能等现代科技手段，提出适合水土保持监督管理的技术方法。

（2）生产建设项目水土保持监督管理的工作内容和流程

在现有法律法规、技术标准的基础上，针对监督管理过程中存在的问题，依据水利部对水土保持监管的要求，提出生产建设项目水土保持监管的工作内容和工作流程。

（3）生产建设项目水土保持监督管理标准制定

根据生产建设项目水土保持监管技术方法、工作内容和工作流程，制定适用于南京市及各区县的《生产建设项目水土保持监督管理技术规程》，规程包括对生产建设项目开展的水土保持监督检查、水土保持设施自主验收报备管理和关键考核指标等内容。

分阶段完成生产建设项目水土保持监督管理技术标准初稿、讨论稿、审查稿，每一阶段成果详细向专家汇报，充分参考专家、行政主管部门以及生产建设单位等相关人员意见，修改完善阶段成果，最后形成南京市生产建设项目水土保持监督管理技术标准。

1.4.2 研究方法

1.4.2.1 搜集资料

对现有水土保持法律法规、技术标准与规范、文献资料和管理办法进行系统整理，分析当前生产建设项目水土保持监督管理领域经验做法以及存在的问题和难点。

1.4.2.2 系统调研

项目组成员通过召开咨询讨论会等形式进行系统调研，调研对象为各区县水行政主管部门、水土保持监管工作相关第三方技术支撑单位、建设单位、水土保持技术服务单位等，梳理南京市生产建设项目水土保持监督管理所采用的工作方法、技术手段等，分析当前水土保持监督管理方面的实际需求，进一步细化和深化研究技术路线。

1.4.2.3 技术研究

在搜集资料和系统调研基础上对南京市生产建设项目水土保持监督管理的技术方法、工作内容和工作流程进行研究，提出水土保持监管关键考核技术指标和信息化监管方法。

1.4.2.4 报告编写

分阶段完成生产建设项目水土保持监督管理标准化研究报告初稿、讨论稿、审查稿，并在此基础上形成南京市生产建设项目水土保持监督管理技术规程初稿。

1.4.3 研究技术路线

本项目通过现场调研和查阅资料，对水土保持监管现状进行分析，提出当前存在的问题。在现有法律法规与技术标准、规范的基础上，提出生产建设项目水土保持监督管理的技术方法、工作内容和工作流程，根据监管内容提出相应的要求，并编制工作大纲和实施方案。分阶段完成初稿、讨论稿、审查稿，每一阶段成果详细向专家汇报，充分参考专家、行政主管部门以及生产建设单位等相关人员意见，修改完善阶段成果，最终编制完成生产建设项目水土保持监督管理标准化研究报告。项目的技术路线见图 1-1。

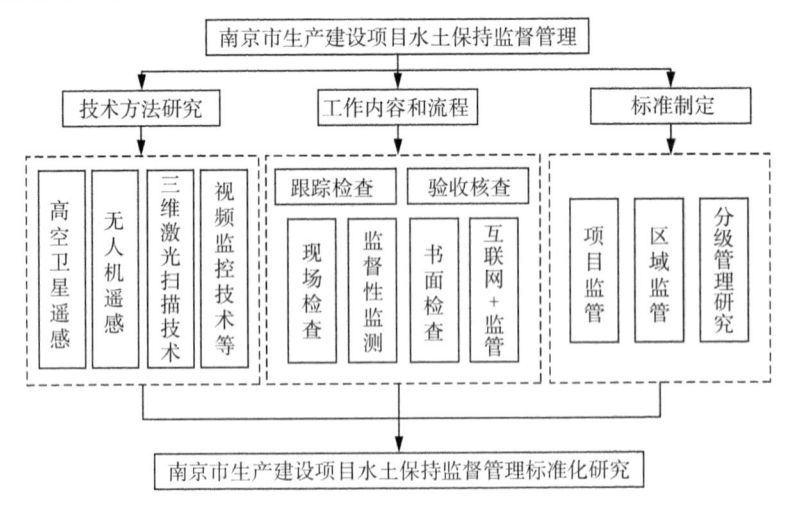

图 1-1 技术路线图

第 2 章
研究区概况

2.1 自然条件

南京市位于江苏省西南部（东经 118°22′～119°14′、北纬 31°14′～32°37′）；平面呈南北长东西窄展开，南北长 150 km，东西宽 30～70 km，全市总面积 6 587.02 km²；东与江苏省镇江市、扬州市、常州市接壤，南与安徽省宣城市接壤，西与安徽省马鞍山市接壤，北与安徽省滁州市接壤。

2.1.1 地形地貌

南京市属宁镇扬丘陵地区，地势起伏，最大相对高差近 450 m，地貌类型多样，为低山、丘陵、岗地和平原洲地交错分布的地貌综合体。其中，低山占土地总面积的 3.5%，丘陵占 4.3%，岗地占 53%，平原、洼地及河流湖泊占土地总面积的 39.2%。长江以北为老山山脉、滁河河谷平原以及平山、冶山、灵岩山等大片丘陵岗地；长江以南为宁镇山脉、横山和东庐山、牛首山和云台山、茅山等大片丘陵岗地。从主城区以南到溧水永阳为构造完整的山间盆地，秦淮河由南向北贯穿盆地，在两侧形成海拔 5～10 m 的河谷平原；在山地和平原之间分布着海拔 20～40 m 的黄土岗地。

2.1.2 气象

南京受西风环流和副亚热带高压控制，呈现出典型的北亚热带湿润气候特征，四季分明，雨水充沛；1905—2021 年多年平均降雨量 1 042.1 mm（南京站），最大年降雨量 1 730 mm（1991 年），最小年降雨量 448.0 mm（1978 年）。多年平均气温 15.5 ℃，极端最高气温 43 ℃（1934 年 7 月 13 日），极端最低气温零下 14 ℃（1955 年 1 月 6 日）。冬季以北风为主，夏季以东南风为主，多年平均风速 3.6 m/s，极端最大风速 39.9 m/s。年均日照 1 686.5 h，无霜期约 332 d。[①]

2.1.3 河流水系

南京市境内有三大主要水系，即长江水系、淮河水系、太湖水系。长江水

---

① 数据来源：《南京市水土保持规划（2016—2030 年）（报批稿）》。

系是南京市境内最大的水系，流域面积 6 288.3 km²，占市域面积的 95.5%。长江水系又可细分出四条水系，即长江南京河段沿江水系、秦淮河水系、滁河水系、水阳江水系。南京市通称的水系是指这 4 条水系，外加淮河、太湖 2 条水系，共 6 条水系。全市水域面积约占市域面积的 11%。

2.1.4　土壤与植被

南京市主要有水稻土、潮土、红壤、紫色土、黄棕壤等土壤类型，成土母质有紫色砂质岩、第四纪红黏土、红砂岩、千枚岩及河流冲积物等。地带性土壤主要是红壤、黄棕壤，非地带性土壤有潮土及水稻土。南京市植被根据生态地理分布特点和外貌特征，属于亚热带常绿阔叶林区。

2.1.5　土地资源

南京市土地总面积 6 587.02 km²，占江苏省土地总面积的 6.42%，其中农用地 4 201.58 km²，包含耕地 2 381.65 km²、园地 116.25 km²、林地 723.07 km²、牧草地 200.18 km²、其他农用地 780.43 km²；建设用地 1 816.43 km²，包含居民点工矿用地 1 453.47 km²、交通设施用地 190.45 km²，水利设施用地 172.51 km²；未利用地 569.01 km²。

2.1.6　水资源

根据江苏省水资源公报（2020），全市水资源量 41.47 亿 m³，其中地表水资源量 40.35 亿 m³。

2.1.7　森林资源

截至 2021 年底，南京市森林覆盖面积达到 296.9 万亩[①]，林木覆盖率达到 31.9%，自 2018 年起连续 4 年位居全省第一。全市被评为国家森林城市，共有国家级森林公园 5 个，省级森林公园 5 个。

---

① 1 亩=1/15 hm²

2.2 社会经济条件

南京下辖11个市辖区(玄武、秦淮、建邺、鼓楼、浦口、栖霞、雨花台、江宁、六合、溧水、高淳)和1个国家级新区(江北新区)、94个街道、6个镇。2021年年末南京市常住人口为942.34万人。

国民经济发展总体状况:2021年,实现地区生产总值16 355.32亿元,比上年增长7.5%。分产业看,第一产业增加值303.94亿元,增长0.8%;第二产业增加值5 902.65亿元,增长7.6%;第三产业增加值10 148.73亿元,增长7.6%。三次产业结构调整为1.8∶36.1∶62.1。人均地区生产总值174 520元,按全年平均汇率计算,达到27 051美元。

2.3 水土流失状况

南京市土壤侵蚀以水力侵蚀为主,主要发生时段为汛期,重点发生区域在丘陵岗地。根据《全国水土保持区划(2015—2030)》,南京市属于南方红壤区(一级)江淮丘陵及下游平原区(二级)沿江丘陵岗地农田防护人居环境维护区(三级)。对照《土壤侵蚀分类分级标准》(SL 190—2007),南京市属于水力侵蚀类型区南方红壤丘陵区长江中下游平原区,土壤容许流失量为500 t/(km^2·a)。

江苏省2021年水土流失动态监测报告成果显示,全市现状轻度及以上水土流失总面积为336.52 km^2,占南京市域总面积的5.11%,其中轻度侵蚀面积316.07 km^2,占水土流失面积的93.92%;中度侵蚀面积17.71 km^2,占水土流失面积的5.26%;强烈侵蚀面积2.74 km^2,占水土流失面积的0.81%[①];无极强烈侵蚀和剧烈侵蚀。

从空间分布来看,水土流失主要发生在丘陵区。全市水土流失面积较大的区域主要分布在江宁区,水土流失面积104.65 km^2,占全市水土流失总面积的31.1%;其次为溧水区,水土流失面积为90.9 km^2,占全市水土流失总面积的27.0%。

---

① 本书比例数据、平均值等数据均四舍五入,取约数。

从土地利用类型看,林地是全市水土流失的主要来源;其次为建设用地,其中生产建设项目施工建设期地表扰动剧烈,易引起较强的水土流失。

2.4 水土保持监督工作现状

2.4.1 法规制定与时俱进

南京市市级水土保持法律法规制定工作开展较早,1998年12月9日颁布了《南京市水土保持办法》。2011年,在新修订的《中华人民共和国水土保持法》实施之后,南京市于同年9月发布了《南京市人民政府关于水土流失重点预防区和重点治理区划分的通告》,划定了南京市水土流失重点预防区和重点治理区范围。2014年,在《江苏省水土保持条例》实施后,南京市于次年修订了《南京市水土保持办法》并颁布实施,为南京市水土保持工作依法依规开展奠定了基础。2018年,《南京市水土保持规划(2016—2030年)》通过了南京市人民政府批复,该规划制定了与南京市自然条件和经济社会发展相适应的水土保持布局,为水土流失综合防治工作提供了依据。

2.4.2 行业管理日益规范

南京市水土保持方案审批的数量逐年增加,同时也伴随着南京市水土保持方案从业单位、人员数量的增加。为提高水土保持方案质量,让水土保持措施更好地落实于建设项目中,市水务局定期对区属水土保持审批部门进行培训,落实传达水土保持法律法规和文件要求,梳理水土保持审批、监管的重点难点;对水土保持方案相关单位召开培训会议,解析政策变化,明确方案编制的要求。2015年,南京市将水土保持方案审批加入"多评合一"平台,编制和建设单位可自愿纳入平台管理,审批时间确定为7个工作日内,为建设单位水土保持审批事项的办理提供了便利。2019年,南京市试运行"一站式"收费,将城市基础设施配套费、城市道路占用挖掘费、水土保持补偿费等7项收费列入"一站式"收费管理系统,由系统判别建设项目需缴纳的费用类别,通知建设单位统一缴纳费用,为建设单位水土保持补偿费缴纳提供了便利。

2.4.3 行政审批不断加强

随着水土保持工作的不断开展,行政许可审批和补偿费征收也不断完善。其中,市级审批水土保持方案行政许可数量分别为2016年35个,2017年88个,2018年71个,2019年34个,2020年59个,编制率达到90%以上。水土保持补偿费征收额分别为2016年154.78万元,2017年432.54万元,2018年486.23万元,2019年469.77万元,2020年565.29万元。

为进一步深化"放管服"改革,推动简政放权、放管结合、优化服务,根据水保〔2019〕160号和苏水农〔2019〕23号文件"推行水土保持区域评估"的要求,2019年至2020年,南京市共审批南京江北新区中央商务区、南京六合经济开发区等7项水土保持区域评估的行政许可,并对区域评估中的水土保持方案审批程序进行简化。2018年3月1日,江苏省人民政府发布了苏政发〔2018〕33号文件,公布了《企业投资项目省级部门不再审批事项清单(第二批)的决定》,规定了除中央立项由省级审批以及省级立项跨设区市的生产建设项目外,其他项目下放至设区市水利行政主管部门实施。2018年起,南京市承接了多项省级立项的水土保持方案审批,范围涉及轨道交通、省级公路、高等学校等80余个建设项目。根据2023年1月颁布的《生产建设项目水土保持方案管理办法》(水利部令第53号),县级以上地方人民政府及其有关部门审批、核准、备案的生产建设项目,其水土保持方案由同级人民政府水行政主管部门审批。跨行政区域的生产建设项目,其水土保持方案由共同的上一级人民政府水行政主管部门审批。因此,今后一段时间,省级项目不再下放给市级审批。

2019年,全市完成水利部和省水利厅图斑核查分别为1 530项和310项(203个省级图斑和107个省级加密图斑);2020年,全市完成水利部图斑核查为674项。图斑复核地块均完成了项目识别和案件办理,办结率100%。

2.4.4 监管流程逐步细化

在水土保持工作实践中,南京市水土保持管理中心形成了完整的工作流程:在项目办理水土保持方案行政许可前,下达《办理水行政许可手续通知书》,随时追踪项目水土保持方案编制进展情况;在项目办理水土保持方案行政许可后,下达《水土保持设施补偿费缴纳通知书》,将水土保持补偿费征收到位;项目开工前,对建设单位下达《落实水土保持措施的通知书》,并组织召开水土保持措施落实的宣传贯彻会议,会议邀请水土保持方案的编制单位进行协助,并要求建设项目的建设单位、施工单位、监理单位等落实水土保持措施的相关责任方到场,明确责任落实,要求参建各方按照水保"三同时"制度,严格落实水土保持行政许可决定的内容,做好水土保持措施布设工作,定期填写生产建设项目水土保持措施实施进度表,完善水土保持监测、监理工作,会议最终形成记录存档;定期对建设项目进行现场检查,其中市级审批项目年均现场检查400余次,将现场问题记录在南京市生产建设项目水土保持现场检查表,敦促建设单位进行整改,对整改不到位的建设项目,进行立案查处;在建设项目主体工程竣工后,市水土保持管理中心指导建设单位准备进行水土保持设施自主验收,验收材料在水行政主管部门进行备案;在出具报备回执12个月内,水行政主管部门组织开展核查。

2.4.5 监管手段持续创新

随着水土保持监督管理工作的深入,传统的监管手段已无法支撑日益增多的监管对象。网络技术、定位技术、移动智能设备技术的不断发展,让监督管理部门有了技术革新的更多可能性。传统监管向动态监管转变,实现了水土保持监督管理工作的远程自动化管理,从而全面提高了效率与服务水平。

2016年,南京市水土保持管理中心建立了"南京市水土保持监督管理的信息系统",用于存档水土保持法律法规、生产建设项目基本信息、行政许可、措施落实、检查反馈和地图坐标等信息。初步实现水土保持监督管理信息化。

2018年,南京市水土保持管理中心引入第三方技术服务机构,共同开发了"水土保持巡查管理终端"。该巡查管理终端基于GIS技术,配备于移动设备上,包含了行政区划、南京水系、小流域、土壤侵蚀、水土保持规划等图层,可随时随地录入巡查情况,并精确判断项目所在位置是否处于丘陵山区、水土流失重点预防区和重点治理区、水土流失易发区等。巡查终端可以实现日常工作中的准确位置定位、水土保持专题信息的快速化获取、巡查线路和现场照片实时记录,提升了巡查信息化水平和案件处理效率。

目前,南京市水土保持管理中心与第三方技术机构正在共同研制开发

"南京市水土保持监督管理程序"。监督管理部门和建设单位通过手机小程序,分别填报水土保持监督管理信息和水土保持措施实施进度,签名后生成文档,不仅实时存档了监督管理信息,同时也全面提高了效率与服务水平。

第 3 章
南京市生产建设项目监督管理研究

3.1 南京市生产建设项目水土保持方案管理情况

3.1.1 南京市近年水土保持方案审批数量和范围变化情况分析

生产建设项目水土保持方案是水土保持法规定的水行政主管部门管理生产建设项目水土保持工作的重要抓手，是生产建设项目水土保持事中事后监管的基础和依据。为了分析近年水土保持方案审批的发展形势，本书统计了2014—2021年南京市市级和县级水行政主管部门审批水土保持方案数量和防治责任范围（表3-1），数据来源于全国水土保持信息管理系统。

表3-1 2014—2021年南京市市级和县级水行政主管部门审批水土保持方案数量统计

年份	市批	区县批	合计/项
2014	19	35	54
2015	28	34	62
2016	35	49	84
2017	88	100	188
2018	71(3)	200	271
2019	34(7)	254	288
2020	59(30)	419	478
2021	84(40)	654	738

说明：()中数字为当年南京市市级水行政主管部门承接省级立项的水土保持方案审批数目。

从表3-1可以看出，南京市市级、县级审批水土保持方案数量整体呈现增长的趋势。在个别年份有所起伏：如市级审批项目从2014年19项增长至2017年的88项，至2019年减小至34项后，2020—2021年连续两年增长至84项。南京市区县批项目从2014年的35项，至2021年的654项，数量增长了17.68倍。

随着"放管服"改革的不断深入，各级行政管理部门工作重点由事前审批转向事中事后监管，大量生产建设项目水土保持方案审批事项下放到地方基层。自2018年起，南京市市级共承接80项省级立项的水土保持方案审批，如南京地铁 7 号线工程、南京长江三桥北接线西江互通连接线、大唐南电二期 2×655 MW 燃气轮机创新发展示范项目 1 号机组、协鑫高淳燃机热电联产项目配套天然气管道工程、江苏南京青龙山 500 千伏输变电工程等项目。2018—2021 年,南京市承接省级立项方案审批数量约占市级审批总数量的三分之一。

与此同时,水利部创新监管手段。2019 年起在全国范围内开展了生产建设项目水土保持遥感监管。2020 年,水利部和江苏省水利厅各组织开展 1 期水土保持遥感监管。2021 年起,水利部组织开展 1 期、江苏省水利厅组织加密 3 期遥感监管。水土保持遥感监管实现了生产建设项目全覆盖、信息化监管,发现"未批先建"违法违规行为后,通过各级水行政主管部门核查认定查处,极大推动了南京市生产建设项目水土保持方案编制工作,因此南京市全市水土保持方案审批总数量从 2019 年的 288 项提高至 2020 年的 478 项,2021 年 4 期遥感监管使水土保持方案审批数量增加至 788 项,是 2014 年的 12.67 倍。因此,当前南京市生产建设项目水土保持监管数量、规模呈快速增长趋势(如图 3-1 所示)。

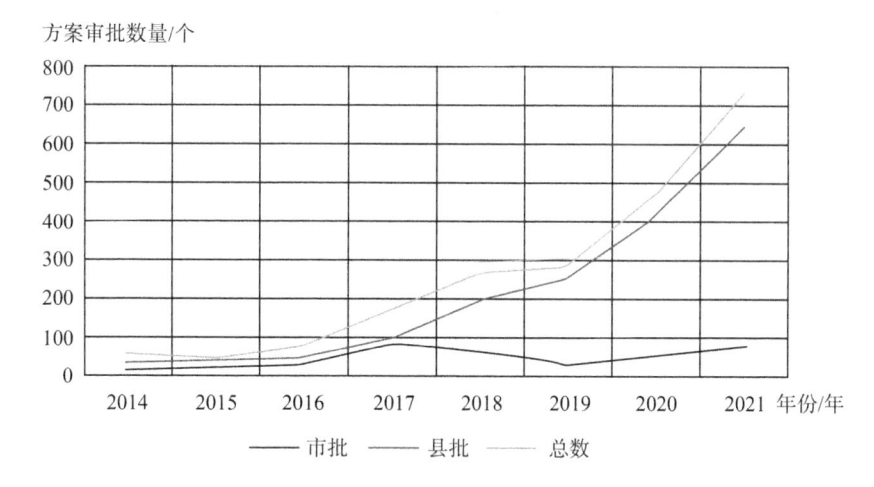

图 3-1 2014—2021 年南京市市级和县级水土保持方案数量

3.1.2 南京市近年水土保持方案审批项目类型变化情况分析

南京市各级水行政主管部门水土保持方案审批所属项目类型占比情况如图 3-2 所示。在生产建设项目 35 个行业类别中,2014—2021 年南京市水土保持方案项目类型涉及21种行业类别,未涉及铁路工程、机场工程、核电工程、风电工程、灌区工程、水电枢纽工程、露天煤矿、露天金属矿、露天非金属矿、井采煤矿、井采金属矿、油气开采工程、林浆纸一体化工程、农林开发工程等14个类别。房地产工程数量最多,共962个,占到总数量的44.48%;其次为社会事业类项目,共330个,占总数量的15.26%;其他城建工程数量为180个,占总数量的8.32%;加工制造类项目175个,占总数量的8.09%;公路工程数量166个,占7.67%;其他行业项目数量126个,占总数量的5.83%。江北新区自2015年成立以来,大力开展新区建设,努力打造长三角地区现代产业集聚区,浦口区(含江北新区)各类生产建设项目数量均较多。近年来,江宁区始终聚焦先进制造业,持续引领产业链供应链转型升级,因此加工制造类项目、社会事业类项目、房地产工程等项目数量也较多。

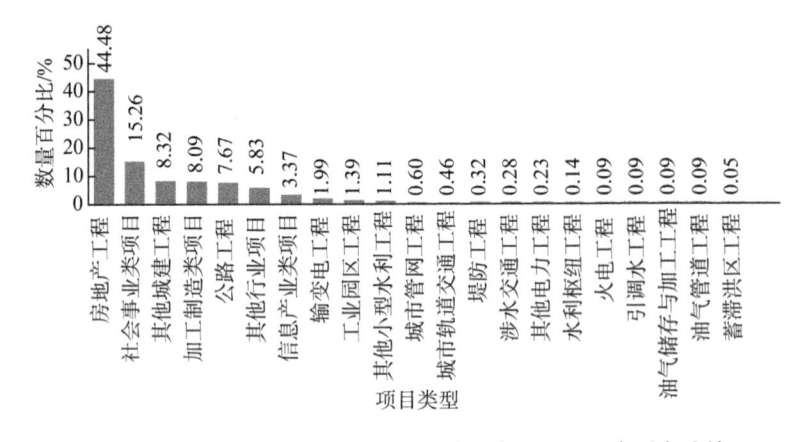

图 3-2　2014—2021 年南京市水土保持方案所属项目类型占比情况

表3-2为南京市已批水土保持方案生产建设项目类型变化情况,2014—2021年南京市水土保持方案项目类型逐渐丰富。2014年南京市共有房地产工程、公路工程、其他城建工程、其他行业项目、社会事业类项目等5个类型,2015—2017年增加了城市管网工程、加工制造类项目、其他电力工程、其他小型水利工程、涉水交通工程、水利枢纽工程、信息产业类项目、蓄滞洪区工程等8个类型,2018—2021年,南京市水土保持方案项目类型更为丰富,城市管网工程、城市轨道交通工程、输变电工程、引调水工程等项目数量增多。南京市市级承接省级立项的水土保持方案审批,涉及9个行业类别,分别为输变电

工程、公路工程、社会事业类项目、城市轨道交通工程、房地产工程、油气管道工程、火电工程、堤防工程、其他小型水利工程等。其中输变电工程和城市轨道交通工程2个行业类别是南京市承接省级立项前从未审批的项目类型。

根据水利部"生产建设项目水土保持分类管理"课题研究成果，虽然南京市房地产工程、社会事业类项目、其他城建工程、加工制造类项目数量较多，共计占全市审批项目的76.14%，但水土流失影响程度仅为较轻或较轻微。城市轨道交通工程、水利枢纽工程、引调水工程、油气管道工程等工程类型数量虽占比不足全市审批项目的1%，但其水土流失影响程度等级较高。因此水土保持监管的区域、项目、频次等不应等同对待，分类分级实施精准监管。

表3-2 2014—2021年南京市已批水土保持方案生产建设项目类型变化情况

单位：个

项目类型	2014	2015	2016	2017	2018	2019	2020	2021
城市管网工程		1	2	3	2	1	4	
城市轨道交通工程					2		4	5
堤防工程				1			3	3
房地产工程	21	36	48	98	155	141	191	272
工业园区工程					1	5	8	16
公路工程	1		5	19	35	16	40	50
火电工程								2
加工制造类项目			2	11	22	23	46	71
其他城建工程	24	12	8	27	6	9	29	65
其他电力工程				1	2	1	1	
其他小型水利工程			1	4	3	3	5	8
其他行业项目	5	7	6	2	11	23	23	49
社会事业类项目	3	6	13	19	26	48	85	130
涉水交通工程				2			2	2
输变电工程						10	14	19
水利枢纽工程				1			2	
信息产业类项目				1	5	6	22	39
蓄滞洪区工程				1				
引调水工程							1	1
油气储存与加工工程						1		1

续表

项目类型	2014	2015	2016	2017	2018	2019	2020	2021
油气管道工程							1	1
合计	54	62	84	188	271	288	478	738

3.1.3 方案数量及编制单位变化情况分析

本书通过从全国水土保持信息管理系统获取的2019—2021年所有项目水土保持方案编制单位名单，结合中国水土保持学会最新公布的4期(2018—2020年)生产建设项目水土保持方案编制单位水平评价评审结果，对南京市水土保持方案编制单位水平情况进行统计，未取得水平评价星级的编制单位即为无星级单位，项目数量为对应的编制单位编制的水土保持方案数量。2019—2021年，南京市不同编制单位编制水土保持方案数量统计情况见表3-3和图3-3。从图表中可以看出，南京市编制单位数量共计189个。其中，无星级编制单位144个，占比76.19%；1星编制单位15个，占比7.94%；2星编制单位5个，占比2.65%；3星编制单位13个，占比6.88%；4星编制单位7个，占比3.70%，5星编制单位5个，占比2.65%。因资质管理方式转变，取消原来水土保持方案编制需要资质证书的政策极大地调动了市场主体能动性，更多的技术服务公司进入水土保持咨询行业。但由于取消了对编制单位、编制人员的资质限制，水土保持方案质量不高、水平较低的现象时有发生。与此同时，生产建设项目水土保持信息化监管发现"未批先建"违法违规行为后，水土保持遥感监管发现的未批先建违法违规项目需限期销号，压缩了水土保持方案编制周期，进一步加剧了这一现象。

表3-3 南京市水土保持项目方案数量及编制单位数量情况(2019—2021年)

单位：个

星级	项目数量	编制单位数量	编制单位平均编制项目数量
无星级	1 016	144	7.1
1	154	15	10.3
2	113	5	22.6
3	174	13	13.4
4	22	7	3.1

续表

星级	项目数量	编制单位数量	编制单位平均编制项目数量
5	25	5	5.0
合计	1 504	189	7.96

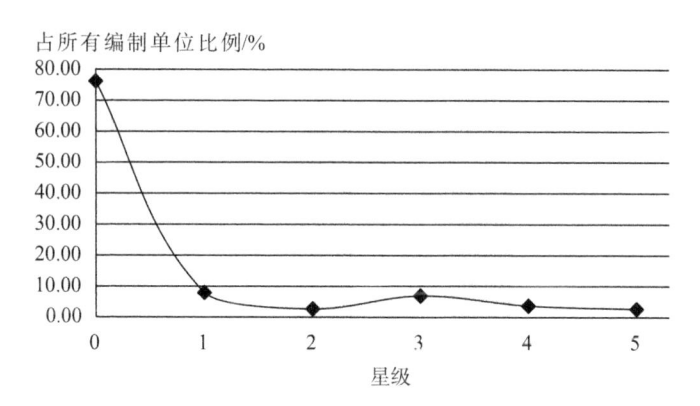

图 3-3　编制单位星级占所有编制单位比例

表 3-4 为 2019—2021 年南京市不同资质编制单位编制水土保持方案数量统计情况。从表中可以看出，南京市 2019—2021 年水土保持方案星级编制单位编制方案项目数量以无星级证书单位编制的项目数量最多，2019、2020、2021 年无星级证书单位编制的项目数量分别约占当年全年项目总数的 68%、63%、70%。其次是 3 星级、1 星级、2 星级证书编制单位，三者编制的项目数量共占项目总数的 30%。这说明行政审批改革取消原来水土保持方案编制需要资质证书的政策极大地调动了市场主体能动性，更多的技术服务公司进入水土保持咨询行业。

表 3-4　2019—2021 年南京市不同资质编制单位编制水土保持方案项目数量统计

年度	不同资质编制单位编制方案项目数量（个）					
	5 星	4 星	3 星	2 星	1 星	0 星
2019	1	9	43	27	13	195
2020	15	9	54	39	58	303
2021	9	4	77	47	83	518

2019—2021 年南京市星级证书编制单位编制的方案项目数量以 3 星级证书单位最高，占星级证书编制单位编制项目总数的 35.7%；其次是 1 星级

证书单位编制的31.6%;5星级证书单位占5.1%;4星级证书单位编制的最低,只占4.5%。这说明拥有高星级证书的大型企事业单位并没有占据市场份额优势,3星级和1星级证书单位的水土保持方案编制市场份额较高。

3.2 南京市生产建设项目监管分类方法

结合前文对南京市近年来水土保持方案审批数量、项目类型、编制单位的分析,可以看出南京市各级水行政主管部门对水土流失影响程度较为严重的项目,尚未突出监管重点、实施精准监管。因此,本章提出南京市生产建设项目监管分类方法,以期有效推动南京市生产建设项目水土保持监督管理工作。

3.2.1 项目类型

结合前文"1.2.3 生产建设项目分类管理"章节中生产建设项目水土保持分类管理课题调查统计数据和南京市生产建设项目实际水土流失状况,本书将生产建设项目按照水土流失影响程度划分为 T_I(极严重)、T_{II}(严重)、T_{III}(中等)、T_{IV}(轻度)4类,得出南京市生产建设项目水土流失影响程度分级,见表3-5。

表3-5 南京市生产建设项目水土流失影响程度分级

水土流失影响程度		涉及工程类别
T_I	极严重	公路工程、铁路工程、露天金属矿、机场工程、露天非金属矿和露天煤矿等6类
T_{II}	严重	水利枢纽工程、水电枢纽工程、油气管道工程、引调水工程、堤防工程等5类
T_{III}	中等	涉水交通工程、风电工程、井采煤矿、井采金属矿、井采非金属矿、油气开采工程、城市轨道交通工程、火电工程、工业园区工程等9类
T_{IV}	轻度	灌区工程、蓄滞洪区工程、其他小型水利工程、油气储存与加工工程、管网工程、加工制造类项目、输变电工程、房地产工程、其他类城建工程、社会事业类项目、信息产业类项目、其他行业项目、林浆纸一体化工程、农林开发工程等14类

3.2.2 防治责任范围

将2019—2021年南京市生产建设项目水土保持方案数量按照防治责任范围分段进行统计,得到防治责任范围项目分布图(图3-4)。根据"防治责任范围≥50 hm²""15 hm²≤防治责任范围<50 hm²""5 hm²≤防治责任范围<

15 hm^2""防治责任范围<5 hm^2",将防治责任范围划定为 R$_I$(防治责任范围大)、R$_{II}$(防治责任范围较大)、R$_{III}$(防治责任范围一般)、R$_{IV}$(防治责任范围较小)4 个等级(表 3-6)。

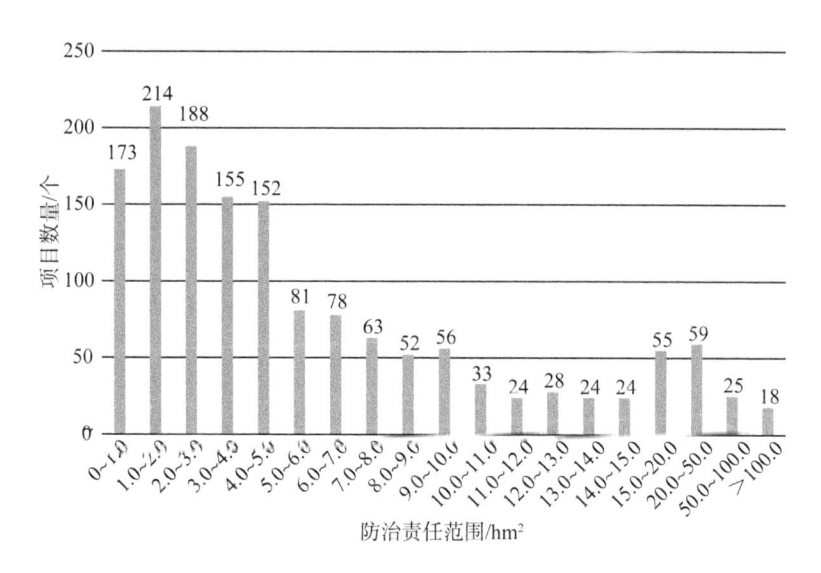

图 3-4 防治责任范围项目分布图

表 3-6 生产建设项目防治责任范围等级分类

等级		所在分区
R$_I$	防治责任范围大	防治责任范围≥50 hm^2
R$_{II}$	防治责任范围较大	15 hm^2≤防治责任范围<50 hm^2
R$_{III}$	防治责任范围一般	5 hm^2≤防治责任范围<15 hm^2
R$_{IV}$	防治责任范围较小	防治责任范围<5 hm^2

3.2.3 土石方挖填方总量

将 2019—2021 年南京市生产建设项目水土保持方案数量按照土石方挖填方总量进行分段统计,得到项目土石方分布图(图 3-5)。根据"土石方挖填总量大≥50 万 m^3""15 万 m^3≤土石方挖填总量<50 万 m^3""5 万 m^3≤土石方挖填总量<15 万 m^3""土石方挖填总量<5 万 m^3"四个区间,将土石方填方总量划定为 S$_I$(土石方量大)、S$_{II}$(土石方量较大)、S$_{III}$(土石方量一般)、S$_{IV}$(土石方量较小)4 个等级(表 3-7)。

表 3-7　生产建设项目土石方挖填方总量等级分类

等级		所在分区
S_I	土石方量大	土石方挖填总量大≥50 万 m^3
S_{II}	土石方量较大	15 万 m^3≤土石方挖填总量<50 万 m^3
S_{III}	土石方量一般	5 万 m^3≤土石方挖填总量<15 万 m^3
S_{IV}	土石方量较小	土石方挖填总量<5 万 m^3

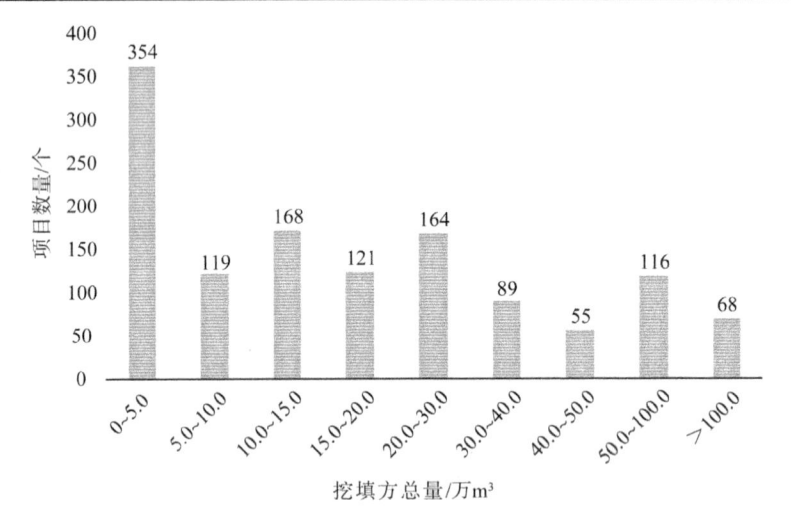

图 3-5　挖填方总量项目分布图

3.2.4　水土流失风险等级

综合区域自然地理条件和生产建设项目水土流失敏感性分析，结合《南京市水土保持规划(2016—2030 年)》中南京市水土保持区划成果(图 3-6 和图 3-7)，将全市划分为 H_I（高风险区域）、H_{II}（较高风险区域）、H_{III}（一般风险区域）、H_{IV}（低风险区域）(见表 3-8)。

表 3-8　生产建设项目水土流失风险等级分类

等级		所在分区
H_I	高风险区域	南京市水土流失重点预防区
H_{II}	较高风险区域	南京市水土流失重点治理区
H_{III}	一般风险区域	南京市水土流失易发区
H_{IV}	低风险区域	不属于以上的区域

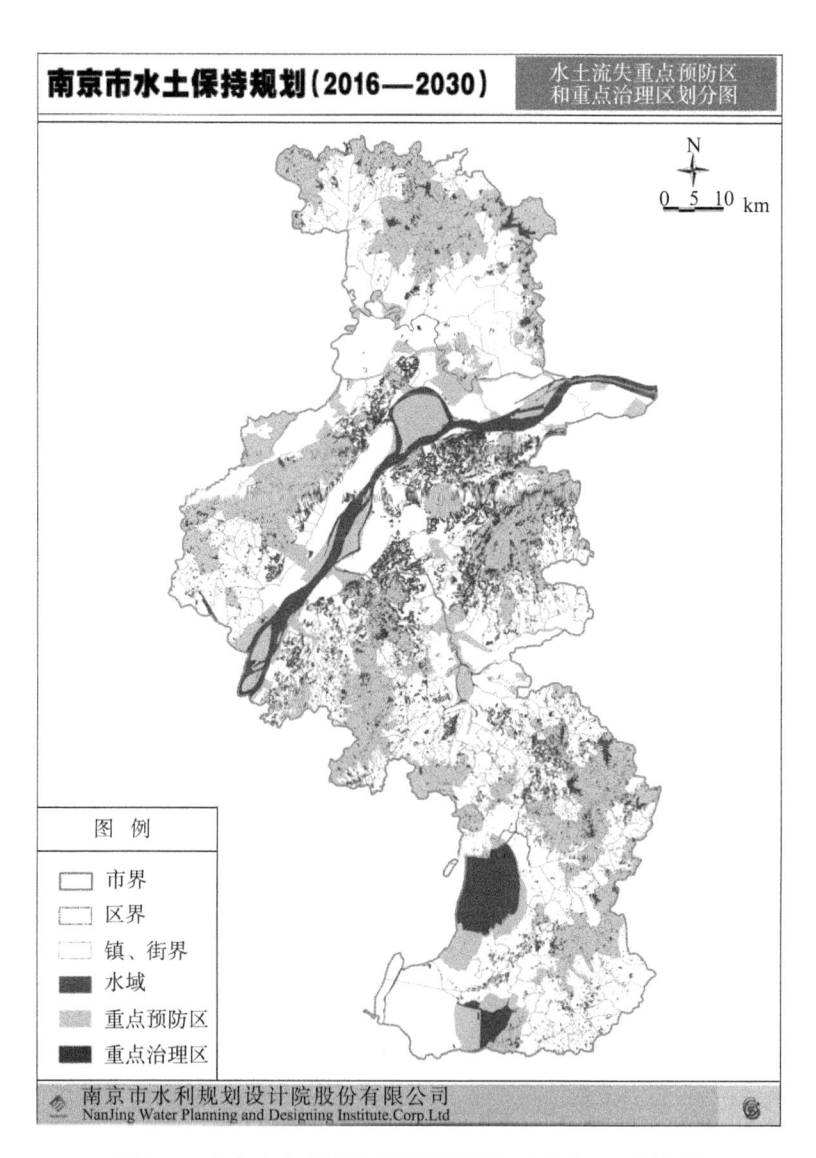

图 3-6　南京市水土流失重点预防区和重点治理区划分图

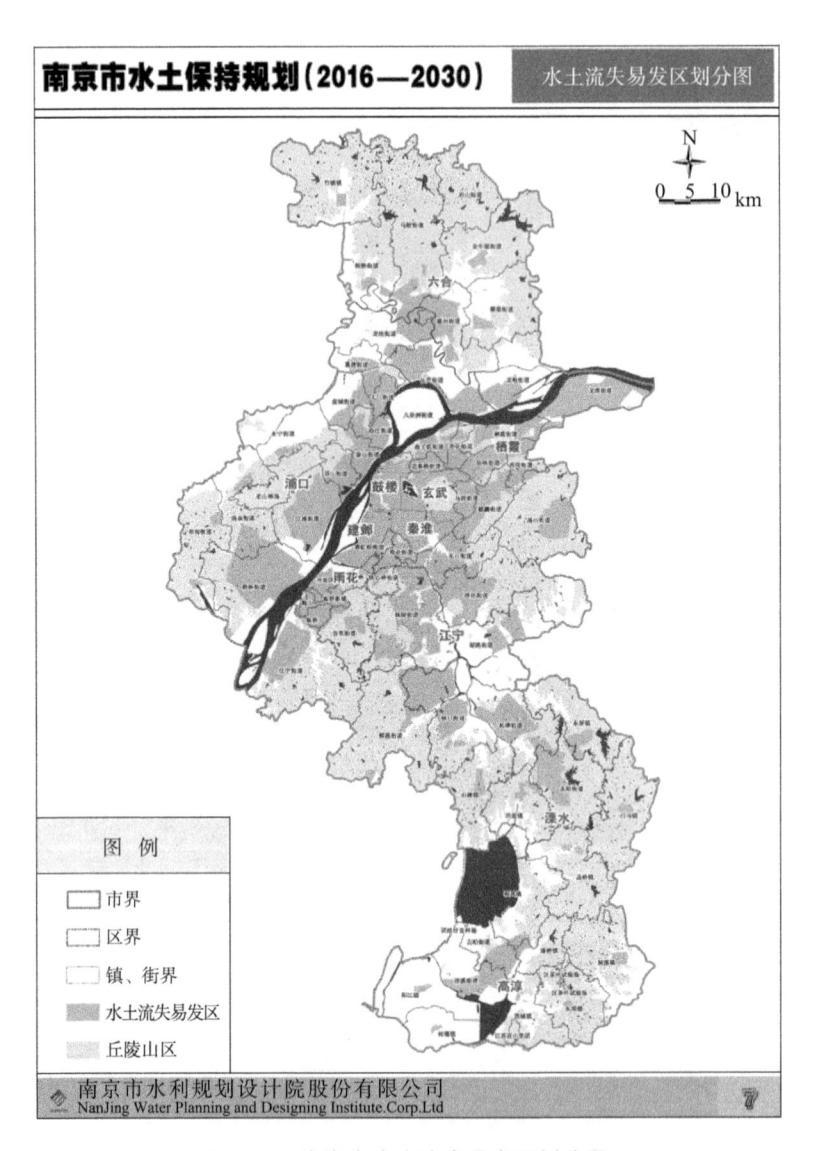

图 3-7 南京市水土流失易发区划分图

3.2.5 生产建设项目监管分类方法

根据项目类型、防治责任范围、土石方挖填总量、风险等级对生产建设项目进行赋值,采用公式(3-1)计算可得到该生产建设项目监管等级得分。对所有在建生产建设项目监管等级得分从高到低进行排序,排名在前20%的生产建设项目为A类高风险项目(监管等级高),排名在前20%~50%的生产建设项目为B类中风险项目(监管等级中),排名在最后50%的生产建设项目为C类低风险项目(监管等级低)。此外,挖填总量超过200万 m³、现场堆土高度超过10 m项目也应列入A类高风险项目。

$$F=T+R+S+H \tag{3-1}$$

式中:

F—生产建设项目监管等级得分;

T—项目类型赋值分数;

R—防治责任范围赋值分数;

S—土石方挖填总量赋值分数;

H—风险等级赋值分数。

A类高风险项目,每年至少现场检查1次,可增加书面检查或互联网+监管。

B类中风险项目,每年至少书面检查或"互联网+监管"1次,抽取10%以上的项目开展现场检查。

C类低风险项目,每年至少书面检查或"互联网+监管"1次。

历次检查中存在问题较多、不按规定提交水土保持监测季报、监测季报和总结报告三色评价结论为"红"色、有群众举报、发生重大水土流失危害的项目,应纳入重点监督检查对象。

水土保持设施自主验收情况核查范围为该年度完成水土保持自主验收报备的项目,参照生产建设项目分类管理指标体系(表3-9)进行赋值,将四个指标得分相加得到生产建设项目验收核查得分。得分从高到低进行排序,排名在前20%的生产建设项目为A类项目,排名在前20%~50%的生产建设项目为B类项目,排名在最后50%的生产建设项目为C类项目。从A类项目抽取20%、B类项目抽取15%、C类项目抽取10%,开展水土保持验收核查。

表 3-9 南京市生产建设项目分类管理指标体系

因子等级	项目类型 T	防治责任范围 R	土石方 S	风险等级 H
Ⅰ	$T_Ⅰ$ 赋值 25	$R_Ⅰ$ 赋值[20,25]	$C_Ⅰ$ 赋值[20,25]	$D_Ⅰ$ 赋值 25
Ⅱ	$T_Ⅱ$ 赋值 20	$R_Ⅱ$ 赋值[16,20)	$C_Ⅱ$ 赋值[16,20)	$D_Ⅱ$ 赋值 20
Ⅲ	$A_Ⅲ$ 赋值 16	$R_Ⅲ$ 赋值[12,16)	$C_Ⅲ$ 赋值[12,16)	$D_Ⅲ$ 赋值 16
Ⅳ	$A_Ⅳ$ 赋值 12	$R_Ⅳ$ 赋值[10,12)	$C_Ⅳ$ 赋值[10,12)	$D_Ⅳ$ 赋值 12

注：①防治责任范围在 0～200 hm^2，分数按照上表进行插值计算，超过 200 hm^2 时，赋值为 25。土石方在 0～200 万 m^3，分数按照上表进行插值计算，超过 200 万 m^3 时，赋值为 25。针对不同监管等级的项目，合理确定检查方式与检查频次。

第 4 章
生产建设项目水土保持监督管理技术方法研究

采用传统"人、车、相机"现场检查和监管方式开展水土保持方案实施情况的跟踪检查,容易出现费时、费力、获取信息不全面、定量信息获取难度大等问题(夏小林等,2020;张怡等,2021)。从工程实际扰动范围来判断确定水土保持方案是否存在重大变更情况是跟踪检查的重要工作内容。取、弃土场选址影响范围较广,需要开展详细且充分的调查才能判断其选址是否合理。但仅通过传统的腿跑、眼看、询问调查,极易出现因信息获取不全面而导致判断错误的情况,往往费时费力,难以在短时间内给出结论。同时,取、弃土场防护情况,表土剥离、保存和利用情况,水土保持措施落实情况涉及大量的定量统计工作,仅采用皮尺、全站仪、三维激光扫描仪等传统测量方式,工作效率无法满足跟踪检查现场工作的要求。因此,在新时期开展水土保持方案跟踪检查的关键是快速获取一定范围内水土保持相关的定性、定量信息。

4.1 高分遥感技术

随着卫星数据资料日渐丰富,利用遥感技术定量获取土壤环境、土地利用信息成为可能。在进行生产建设项目水土流失现状及其变化特征分析时,水土保持监管监测技术手段也趋于多元化。应用卫星遥感技术全面定性定量掌握项目建设、扰动、合规性、水土保持措施实施等情况,可完善传统方式中通过人工调查只了解项目局部情况的不足。

目前可应用的卫星影像数据源主要有高分一号、高分二号、天地图、World View、谷歌地图影像等。在对地表研究的基础上,选择项目建设区卫星数据,经遥感解译提取出土地利用类型、土壤侵蚀强度、扰动图斑等数据信息。卫星数据的连续性较好,获取的工程各阶段遥感影像能有效反映建设项目全过程水土保持信息变化,可解决监测时段缺失的问题。当前,虽然部分卫星数据资料已成为免费产品,但存在时效性不足的缺点。

高分一号卫星于2013年4月26日在酒泉卫星发射中心成功发射,是我国高分辨率对地观测系统国家科技重大专项的首发星,重返周期41天,装载2台2 m分辨率全色、8 m分辨率多光谱相机和4台16 m分辨率多光谱宽幅相机。

高分二号卫星于2014年8月19日成功发射,8月21日首次开机成像并下传数据,是我国自主研制的首颗空间分辨率优于 1 m 的民用光学遥感卫星,搭载有两台高分辨率 1 m 全色、4 m 多光谱相机,重返周期 69 d。这是我国目前分辨率最高的民用陆地观测卫星,星下点空间分辨率可达 0.8 m,标志着我国遥感卫星进入了亚米级"高分时代"。

World View 卫星运行在高度为 496~770 km、倾角 98°、周期 94.6 min 的太阳同步轨道上,平均重访周期为 1~5 d,星载大容量全色成像系统每天能够拍摄多达 50 万 km² 的 0.50 m 高空间分辨率图像。该卫星属于商业遥感卫星,可通过代理商采购存档数据和编程数据。

谷歌地球的卫星遥感影像数据主要来自美国 Landsat 系列卫星数据、Space Imagine 公司的 IKONOS 数据、美国 DigitalGlobe 公司的 QuickBird 数据及法国 SPOT 系列数据。谷歌地球将其中的影像空间分辨率分为 20 个级别,随着级别的升高,影像空间分辨率增大。下载获取序列谷歌历史图像进行叠加解译,就可以便捷地获取和掌握生产建设项目在一定时期内扰动地表的情况。

吴丽榕(2020)利用 4 期谷歌历史遥感图像对福建华电邵武电厂三期工程弃渣场扰动地表情况进行解译,发现项目开工后至弃渣场堆渣完毕是主体工程土石方挖填即土建工程最活跃的施工时段,弃渣场扰动地表面积在逐渐增加,这段时间是造成水土流失最关键的时段,是水行政主管部门加强水土保持监管最重要的时间段,也是需要对各项水土保持措施(特别是临时防护措施)进行跟踪监测、狠抓落实的时间段。寇馨月等(2021)以大藤峡水利枢纽工程为例,采用高频次遥感普查、高精度遥感详查全面掌握工程建设情况及动态变化情况。2 期中分辨率遥感影像(16 m)解译结果对比发现,项目左右岸南部新增施工扰动,扰动范围变化逐期增加。通过对高分辨率遥感影像水土保持信息提取与解译,2 期监管解译的扰动面积分别为 687.03 hm² 和 789.18 hm²,即扰动面积增加了 102.15 hm²,项目的水土保持措施体系在逐渐完善,工程量逐渐增加。

李国和等(2021)利用以高分系列卫星为主,结合 World View 遥感卫星的多星协同技术,对平江抽水蓄能电站施工阶段进行扰动面积、施工道路及水土保持措施的监测。结果表明,利用多星协同技术进行平江抽水蓄能电站多频次水土保持监管,获取的扰动面积提取精度在 95% 以上,施工道路长度提取精度在 95% 以上,宽度提取精度在 90% 以上,均满足工程需要。姚为方等（2021）利用卫星遥感对输变电工程线路进行全线普查，对塔基施工扰动、施工道路进行分析。卫星遥感解译的扰动结果精度与无人机提取结果精度相当，在塔基施工扰动方面，卫星遥感解译平均精度为94%，超过85%，无人机解译精度为97.1%，超过95%。在施工道路方面，卫星遥感长度提取平均精度为96.07%，宽度提取平均精度为88.5%；无人机长度提取平均精度为98.01%，宽度提取平均精度为92.48%。由于分辨率差异，无人机提取结果更接近实际情况；由于植被遮挡、边界分辨率等因素，卫星遥感提取的道路宽整体偏小，但误差范围在20%以内，基于卫星遥感进行施工道路长度、宽度提取，精度可以满足监管工作要求。

事实证明，运用高精度遥感影像对线形项目进行监管是非常有效的。利用高分遥感影像可以实现对线形生产建设项目全覆盖监测，使得线形生产建设项目监管的外业工作节省了时间、减少了工作量，获取了更多信息。但遥感影像的时效性有待增强，目前很难获取实时遥感影像，在监督管理方面不应完全依赖遥感影像。

4.2　无人机遥感技术

水利部办公厅发布了《关于推进水土保持监管信息化应用工作的通知》（办水保〔2019〕198号），针对生产建设项目信息化监管，首次提出了在建及自主验收核查项目使用无人机和移动终端进行现场检查。

无人机遥感技术因数据获取迅速、精度较高、成本较低等特点已成为水土流失调查的重要技术手段，并在生产建设项目水土保持监测领域发挥重要作用。其基本工作流程包括航拍设计、航测数据采集、监测对象提取、三维模型建立、面向对象分类、图斑识别勾绘、监测成果输出等，目前已得到广泛应用（石芬芬等，2019）。相比传统的现场调查方法，利用无人机开展生产建设项目水土保持方案实施情况跟踪检查和验收核查，有如下优势。

（1）灵活性和自主性强

与传统的被动地由建设单位带领开展项目现场检查相比，利用无人机开展监管，可以自主规划飞行路线，由监管人员确定需要查看的项目现场，随时增加、调换现场调查点位，监管主动性更强，更有利于发现项目存在的问题。

第 4 章
生产建设项目水土保持监督管理技术方法研究

(2) 视野开阔,监管范围广

无人机航测通常在距离地面几十至几百米的空中拍摄,视野较地面查看更加开阔,调查的范围更广,受地面情况的影响较小,可轻易到达项目现场,获取实时水土保持实施情况影像资料,获取项目资料,对项目开展全面监管。

(3) 工作效率高,时效性强

生产建设项目水土保持方案实施情况跟踪检查工作涉及项目建设扰动范围、各类水土保持措施,点多、面广、量大。现场检查工作费时、费力,虽然可采用卫星遥感影像调查作为实地调查和地面观测的补充调查,但因遥感卫星重访周期相对较长,获取的现场卫星影像时效性不强。利用无人机则可以实现对调查点的快速拍照,获取实时现场数据,在保证时效性的同时可以大大地提高工作效率。

(4) 精度高,可实现定量分析

与卫星遥感相比,通过无人机可拍摄高重叠率、高精度、大比例尺影像,其分辨率在 0.02～0.6 m 之间,获取的影像可达到厘米级,可以得到项目现场高清照片和视频、正射影像等成果,实现对项目建设扰动面积、水土保持措施类型及其长度、面积等量化指标的快速获取及分析。与此同时,还可通过三维建模计算取土场、弃土场以及临时堆土区土石方的体积。通过对长度、面积、体积等指标的定量计算和分析,可以为跟踪检查工作提供量化、客观的数据支持。

目前,生产建设项目水土保持方案实施情况跟踪检查外业数据采集主要应用国产大疆系列多旋翼无人机和固定翼无人机。固定翼无人机续航较强,续航时间在 1～2 h,速度可达到 60～80 km/h,起飞重量为 7 kg。多旋翼无人机续航时间为 0.25～0.60 h,覆盖范围可达 25 hm^2/次续航,速度为 28 km/h,起飞重量为 4 kg,较为轻便(详见表 4-1)。低续航时间的多旋翼无人机无法满足监测范围大型线状工程全覆盖,续航能力强的固定翼无人机因在运用前需做航线申请而受到一定限制,且在行业监管方面尚未形成统一的制度体系。

表 4-1 固定翼和多旋翼无人机基本参数

无人机种类	续航时间/h	起飞重量/kg	速度/(km/h)
固定翼	1～2	7	60～80
螺旋翼	0.25～0.6	4	28

在数据处理阶段,主要应用空间数据处理系统和无人机数据处理软件进行正射影像生成和三维建模,并解译和统计相关要素。充分利用国内外先进技术和设备,确保成果的精度。此外,也可根据不同的监测内容对技术流程设计优化,如采用大疆智图（DJI Terra）、Pix4Dmapper、Pixel-Mosaic、UASMaster、Trimble Business Center 等软件处理遥测影像,利用 ArcGIS 编辑分析以获得高精度监测结果等。毫无疑问,无人机遥感技术摆脱了对地面量测的依赖,在水土保持领域具有重要意义。

对重点部位进行无人机监测,获取高精度正射影像,能精准地呈现项目区现状,若有水土流失危害发生,也能准确地识别危害发生的位置、面积、程度等。对重点部位进行无死角监测,能有效地解决遥感影像时效滞后、精度不够和现场调查不能全域覆盖的难题,从而对现场水土保持监管实现精准掌控。

水土保持监督管理的一部分工作内容就是依据批复的水土保持方案防治责任范围,判断建设期间扰动面积是否超出红线范围、施工过程中弃土弃渣有无随意堆放、建设地点有无变更等内容(王巧红等,2021)。借助无人机可以建立比较准确的三维数字化模型,可将面积测量定量化,基于工程情况建立 GIS 数据库,便于后期进行全过程监管和数据分析比较,图像视频直观比较。张雅文等(2017)采用无人机遥感技术对鄂北水资源配置工程展开水土保持监测分析,利用 Agisoft PhotoScan Professional 软件处理原始影像,结果表明计算机识别更为迅速,在扰动土地面积、弃渣体积计算等方面,无人机监测效率较人工监测效率高 3～5 倍。施明新(2018)通过对长龙山抽水蓄能电站工程监测研究发现,无人机遥感技术可定量描述土地利用类型、扰动范围及土壤流失量,计算精度满足监测规程要求。曾宏琦等(2019)以知识城东部快速路一期工程项目施工现场为例,对桩号 K9+400～K10+000 范围内扰动后的正射影像图和项目开工前未扰动的谷歌地图进行对比,得出各区域扰动面积的变化数值。刘灿等(2020)以某燃机电厂为例,在 GIS 中将水土保持方案确定的水土流失防治责任范围图数字化,将各个时期的扰动范围图层和防治责任范围图层进行叠加分析,发现 5、6、7 三个扰动区域疑似超出防治责任范围。在矢量地图叠图与三维空间分析过程中,无人机可以采集并生成数字化图像地理信息,比如正射影像图,正射影像可以以多种格式进行叠加,便于确定工程及其影响区域和保护区域的位置关系。

第 4 章
生产建设项目水土保持监督管理技术方法研究

无人机在弃渣场的应用可为监督管理部门提供技术依据和监督基础信息，逐步实现对弃土弃渣场的精细化监管，通过人机交互图斑的方式提取扰动土地、取土(石、料)弃土(石、渣)场、土壤流失、水土保持措施等位置、范围和面积信息，对比叠加不同时期计算取土(石、料)弃土(石、渣)场方量，同期性掌握地表变化。王志良等(2015)在新建重庆至万州铁路水土保持监测过程中，利用 AJ1000 固定翼无人机，对大型线状工程进行 50 km 航测，获取分辨率 0.22 m 的 DEM 和 DOM 数据，成功应用无人机低空遥感，重点监测了弃渣场，提取了不同施工进度中的扰动面积、水土保持工程量和弃渣量等数据。李斌斌等(2018)通过无人机监测获取沪昆高铁江西段尖山隧道弃渣场数据：弃渣场占地面积约 3 hm²，总弃渣量 11.72 万 m³，弃渣边坡长约 54.59 m，横向最宽 138.5 m，纵向最长 224.07 m，并根据这些监测数据有针对性地提出该弃渣场需要进行稳定性评估分析的结论。巴明坤(2019)以铁路某隧道进口 4 个弃渣场为研究对象，分别在 2018 年 5 月份、2019 年 4 月份这两个时间点进行无人机航拍，利用 Global Mapper 软件将两次航拍数据处理所得的正射影像数据进行叠加，分别计算出从 2018 年 5 月份到 2019 年 4 月份这 4 个弃土渣场的增加量。倪用鑫等(2020)利用无人机进行遥感监测，分别采用 Pix4Dmapper、PhotoScan 和 Pixel-Mosaic 软件对无人机低空遥测影像进行处理，通过三维建模分析弃渣场的最大堆渣高度、堆弃面积和堆渣量等水土保持监测指标。此外，白云等(2018)利用 2017 年 7 月份和 8 月份两期 DSM 在 ArcGIS 平台中进行差值分析，8 月份弃渣量与 7 月份相比，弃渣量增加了 1.09 万 m³。

无人机可实时监测水土保持工程措施、植物措施及临时防治措施的实施情况，为现场监管取证提供客观全面的依据。水土保持监管单位依此可以判断建设单位是否及时、全面、合理布设水土保持措施，水土保持措施是否按照水土保持方案报告书有效落实，水土保持措施是否合理和有效。曾麦脉等(2016)以某汽车研发中心的新建厂区为例，通过无人机监测发现水土保持工程措施主要实施了浆砌石排水沟、边坡截水沟，完成率 100%；水土保持植物措施包括绿化区栽植的乔灌木、铺植的草皮等，完成率 40%；边坡喷播草籽，完成率 70%。高速公路具有施工路线长、扰动面积广等特点，田仁喜(2019)通过无人机监测及高精度影像分析，发现某高速公路建设未严格按照相应的批复要求采用围堰法的方式进行修筑,而使用连续填筑道路施工的方法。施蕊英(2019)在对某厂区水土保持设施验收中,发现在水利工程堤防取土场未落实部分措施,在水土保持方案中设计有植树造林、恢复耕地、挡水埂、排水沟和土地整治,经无人机遥感评估该厂区未开展实施植树造林、恢复耕地、挡水埂、排水沟措施,能监测到的只有林草措施。通过重建三维场景模型,可快速地获取水土保持措施类型、位置、数量等信息,通过叠加不同时段的无人机影像,可分析计算已实施水土保持措施量的变化情况。已实施措施的质量情况则可通过在局部区域调整无人机飞行高度、提高分辨率来辅助检查(车腾腾等,2020)。

4.3 三维激光扫描技术

三维激光扫描技术作为一种探究微观地形变化的有效手段,主要通过脉冲激光测距,以点云形式获取项目区地表三维数据,应用 PolyWorks、Surfer、Bentley、Cyclone 等软件建立模型(董秀军,2007)。在建设项目水土保持监测领域,三维激光扫描技术具有采样速率快、分辨精度高、非接触测量等优势,可定量分析水土保持要素的动态变化。如詹晓敏等(2013)在监测取料场开采量和扰动面积时,选择 ILRIS 36D 地面激光扫描仪获取点云数据建立模型,其计算结果真实可靠。建设项目土石方挖填和取料场开采类似,也可采用此方法进行监测。但受地表植被影响,三维激光扫描技术易产生噪点而引起建模失真,且设备购置及租赁成本较高,当前多见于试验研究,尚未形成完善的应用体系。因此,强化三维激光扫描技术与卫星遥感、无人机等技术的耦合研究,探讨天空地一体化的综合监测管理机制,制定合理的监测体系布局是水土保持监测技术进步的重要途径(唐元智,2021)。

4.4 视频监控技术

监管监测时效性逐渐成为衡量监测成果精准度的重要指标,由此引入视频监控技术。视频监控主要利用计算机技术处理视频信号,对序列图像进行分析,判断监控场景中的行为变化,为决策者提供数据参考(吴群等,2016),主要程序包括前端信息采集、实时信息传输、终端信息管理等。在弃渣场、取料场等建设项目大型开挖填筑区域,通过施工现场的监控设备进行数据采集,经网络技术传输至终端平台,可直观监测地表扰动变化、取土弃渣量、植被恢复情况等信息。在持续推进水土保持监测信息化的进程中,冯磊等(2020)提出以视频监控为媒介,以弃渣场监测为切入点,深入自动传输、综合管理、数据共享研究。这在一定程度上能够揭示建设项目不同时间尺度下的弃渣场形态变化,但如何在空间尺度上确保监测区域覆盖,促进各监测区的有效联系和数据一致性是视频监控技术优化和完善的主要突破口。段东亮等(2021)提出,视频监测技术多运用于跨度大、施工点面多的线状工程。从各施工作业面配置的摄像头中选取监控范围与水土保持较紧密的作业面作为在线视频监控的信息源,对水土流失敏感区域和易产生水土流失的施工面,定期制作720云全景照片。不过,视频监控技术运维成本和技术要求相对较高。

4.5 泥沙监控技术

广泛使用的测钎法、沉沙池法等传统水土流失监测技术,难以实现新时代水土保持高质量发展背景下对生产建设项目水土流失的快速、准确、实时监测。因此,在生产建设项目水土保持监督管理方面,对排口土壤流失量实时监控的需求十分迫切。但是,对于生产建设项目,特别是在施工期扰动强烈条件下排口土壤流失监控设备的相关研究和应用较少。城市水土流失主要是由生产建设项目造成的,施工单位不规范施工、偷排泥浆等违法行为仍然存在,且具有一定瞬时性和隐蔽性。雨季施工和旱季施工工艺和水土流失防护措施的布设存在差异,短时降雨可能造成施工泥浆未经沉淀直接排入市政雨水管网或者河道,造成管网堵塞和河道淤积。特别是在汛期短时强降雨的情况下,生产建设项目易出现较为严重的水土流失,由于水土流失具有时效性强的特点,现有手段难以及时取得有效证据,处罚造成黄泥水入河的生产建设项目,水土流失监管处于被动状态。因此,应继续引进新设备、新方法,提升水土保持监管技术和信息化水平。新型穿透激光雷达遥感技术可以通过研究激光雷达回波信号与颗粒物浓度和粒径谱参数的响应关系,实现对排口土壤流失量实时监控的功能,但目前正在设备研发阶段,尚未广泛应用到生产建设项目水土流失监管中。

4.6　智能移动终端数据管理技术

按照水利部要求,各级审批项目要全部录入全国水土保持信息管理系统,实现项目信息化全过程、全覆盖管理。目前该系统已升级为4.0版本,基本实现项目审批、特性录入、项目变更、监理监测、补偿费征收记录、自主验收报备和核查、监督检查等全过程项目管理。在使用全国水土保持信息管理系统过程中,也存在一些问题,主要有:①系统智能化水平低,缺少数据智能化分析、处理、加工功能,不能实现项目特性、补偿费征收、验收报备、监督检查等事项的批量查询、统计、筛选等功能;②缺少智能决策系统,缺少对项目的远程实时监控,智慧化水平低;③缺少无人机、移动终端等信息采集设备及配套软件、App,无法实现项目资料和照片信息的在线上传和下载,不能支撑水土保持监管全过程数据管理需求(徐坚等,2019;崔春梅等,2021)。

2018年,南京市水土保持管理中心引入第三方技术服务机构,共同开发了"水土保持巡查管理终端"。该巡查管理终端基于GIS技术,配备于移动设备上,包含了行政区划、南京水系、小流域、土壤侵蚀、水土保持规划等图层,可随时随地录入巡查情况,并精确判断项目所在位置是否处于丘陵山区、水土流失重点预防区和重点治理区、水土流失易发区等。巡查终端可以实现日常工作中的准确位置定位、水土保持专题信息的快速化获取、巡查线路和现场照片实时记录,提升了巡查信息化水平和案件处理效率。

目前,南京市水土保持管理中心与第三方技术机构正在共同研制开发"南京市水土保持监督管理程序"。监督管理部门和建设单位通过手机小程序,分别填报水土保持监督管理信息和水土保持措施实施进度,签名后生成文档。不仅实时存档了监督管理信息,同时也全面提高了效率与服务水平。

4.7　生产建设项目水土保持监管技术方法特点分析

对生产建设项目水土保持监管技术方法主要优势和不足之处进行分析(表4-2)发现,在监督管理中应根据生产建设项目具体情况,综合运用高分遥感影像、无人机现场摄影、智能移动终端数据管理、径流泥沙的自动观测设备等现代空间信息技术及其产品,提高水土保持监管的时效性、准确性和科学性。传统的"人、车、相机"实地量测成本较低、简便易行,但费时、费力、获取信息不全面、定量难度大、对于大型工程难以做到全覆盖。高分遥感技术易获取、连续性好、精度较高,数据成本投入较大、技术要求较高。无人机遥感技术成本较低、数据获取迅速、精度较高、操作灵活。三维激光扫描技术采样速率快、分辨精度高,但仪器购置和租赁成本高、技术要求高。视频监控技术时效性强、交互友好,运维成本较高、技术要求高。新型穿透激光雷达遥感技术采用非化学法、时效性强、自动化程度高,但正处在设备研发阶段,尚未广泛应用。智能移动终端数据管理技术能实现全过程数据管理、时效性强,但未在地方水行政主管部门监管过程中得到广泛应用。在实际生产建设项目水土保持监管过程中可综合使用多种技术方法,加强遥感、三维激光扫描等新技术的应用。

表 4-2 生产建设项目水土保持监管技术方法特点分析

	技术方法	主要优势	不足之处
传统方法	"人、车、相机"实地量测	成本较低、简便易行	费时、费力、获取信息不全面、定量难度大、对于大型工程难以做到全覆盖
高新技术	高分遥感技术	数据易获取、连续性好、精度较高	数据成本投入较大、技术要求较高
	无人机遥感技术	数据获取迅速、精度较高、操作灵活、成本较低	无法保证监测区域覆盖、飞行审批程序复杂、缺乏统一的监管系统
	三维激光扫描技术	采样速率快、分辨精度高、非接触测量	易产生噪点而引起建模失真、仪器购置租赁成本高、技术要求高
	视频监控技术	时效性强、交互友好	无法保证监测区域覆盖、运维成本较高、技术要求高
前沿技术	新型穿透激光雷达遥感技术	采用非化学法、时效性强、自动化程度高	正在设备研发阶段,尚未广泛应用
信息化技术	智能移动终端数据管理技术	能实现全过程数据管理、时效性强	未在地方水行政主管部门监管过程中得到广泛应用

4.8 无人机遥感在水土保持监管中的应用

在搜集资料和深入调研的基础上,综合考量现有生产建设项目水土保持监管技术方法,结合南京市水土保持监督管理的需求,可加强无人机遥感技术在南京市生产建设项目水土保持监督管理中的应用。

采用无人机航摄方式对重点监管对象进行信息提取,制作生产建设项目防治责任范围正射影像,提取重点部位扰动范围、水土保持措施工程量、取(弃)土场位置、取(弃)土量、重点区域坡度和坡长、水土流失危害面积等信息。

4.8.1 无人机航摄

无人机航摄可采取手动飞行模式和自动飞行测绘模式两种模式,手动飞行模式可针对重点部位进行局部拍摄,自动飞行测绘模式针对项目整体进行全局拍摄。内业工作在外业飞行的基础上,制作生产建设项目防治责任范围正射影像,提取重点部位扰动范围、水土保持措施工程量、取(弃)土场位置、取(弃)土量、重点区域坡度和坡长、水土流失危害面积等信息。下面以大疆御 Mavic 2 无人机航摄为例,进行详细介绍。

1. 外业工作

(1) 测量场地确认

根据防治责任范围图明确测量位置与面积。

(2) 判断起飞条件

采用无人机对现场进行航摄前,应提前了解天气状况、项目区地形地貌情况,尽量避免恶劣天气航摄,选取地形较为平坦区域进行航拍,如出现不可控因素,应选择合适时机进行二次航摄。

(3) 手动飞行

手动飞行采用"DJI GO 4"软件,具体操作流程如下:

a. 将飞行器放置在平整开阔地面上;

b. 开启遥控器和电池;

c. 运行 DJI GO 4 App,连接移动设备,进入飞行界面;

d. 等待飞行器状态指示灯绿灯慢闪,启动电机;

e. 往上缓慢推动油门杆,让飞行器平稳起飞;

f. 执行飞行任务;

g. 下拉油门杆使飞行器下降;

h. 落地后,将油门杆拉到最低的位置并保持 3 s 及以上直至电机停止;

i. 停机后依次关闭飞行器和遥控器电源。

第 4 章
生产建设项目水土保持监督管理技术方法研究

（4）自动飞行

自动飞行采用"DJI GS Pro"软件,具体流程如下(图 4-1 至图 4-5)：

新建飞行任务→测绘航拍区域模式→地图选点→点击地图建立第一个航点→航点设置→选定区域→确定项目名称→确定相机朝向(沿航线方向)→设置拍照模式(等时间间隔拍照)→调整飞行速度→设置飞行高度(不高于120 m)→调整航线重复率(航向重叠度不低于 70％,旁向重叠度不低于 65％)→调整边距→保存后返回主界面→执行任务→开始飞行；

将遥控器天线面向飞行器,确保最佳信号。电池电量不足可手动结束任务,更换电池后可从断点继续执行飞行任务。随时准备处理应急状况。

无人机按设定路线飞行航拍完毕后,根据规划设置,默认自动返航。

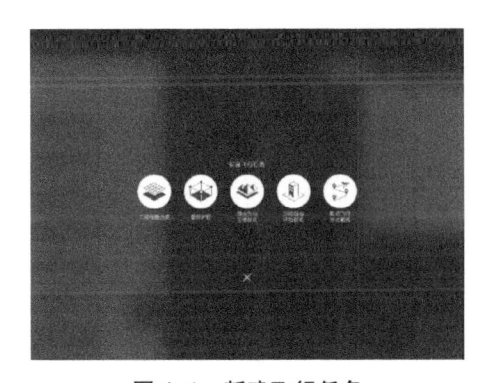

图 4-1　新建飞行任务

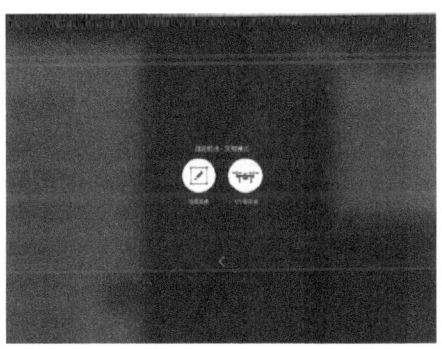

图 4-2　航拍区域规划

图 4-3　生成飞行区域

图 4-4　基础设置

图 4-5　高级设置

2. 内业工作

（1）影像处理

无人机航摄处理可采用大疆智图（DJI Terra）、Pix4Dmapper、Pixel-Mosaic、UASMaster、Trimble Business Center 等软件进行正射影像生成（图 4-6）和三维建模。

图 4-6　正射影像生成

4.8.2 信息提取

基于无人机正射影像,利用地理信息系统软件采用人机交互解译的方法提取生产建设项目扰动范围和水土保持措施。流程如下:添加已生成的正射影像→新建矢量文件,并配置投影坐标→开始编辑,开始勾绘→点击矢量文件属性表,计算面积、长度等属性→生产建设项目扰动范围和水保措施。

根据上述流程,勾绘生产建设项目扰动范围。然后根据水土保持措施的解译标志特征,建立点线面三类矢量图层,分别进行点型措施、线型措施、面型措施提取。临时沉沙池、洗车平台等为点型措施,临时排水沟等为线型措施,临时苫盖、绿化等措施为面型措施。最后,对生产建设项目扰动范围及各项水土保持措施工程量等数据进行统计。

利用三维立体模型,可直接使用测量工具,获取(弃)土场及堆土区等重点部位的扰动范围、土方量、坡度、坡长等信息(图 4-7)。

堆土面积　　　　　　　　土方量

堆土坡度　　　　　　　　堆土高度

图 4-7　基于三维立体模型的要素信息提取

4.8.3 扰动范围合规性判断

对满足防治责任范围矢量化要求的项目进行合规性初步分析,将监管区域扰动图斑矢量图(用 Y 表示,蓝线)与防治责任范围矢量图(用 R 表示,红线)进行空间叠加分析,初步判定生产建设项目扰动合规性。

利用 GIS 软件空间叠加分析工具,对监管区域生产建设项目水土流失防治责任范围矢量图与扰动图斑矢量图进行空间叠加分析。

合规性初步分析技术路线见图 4-8。

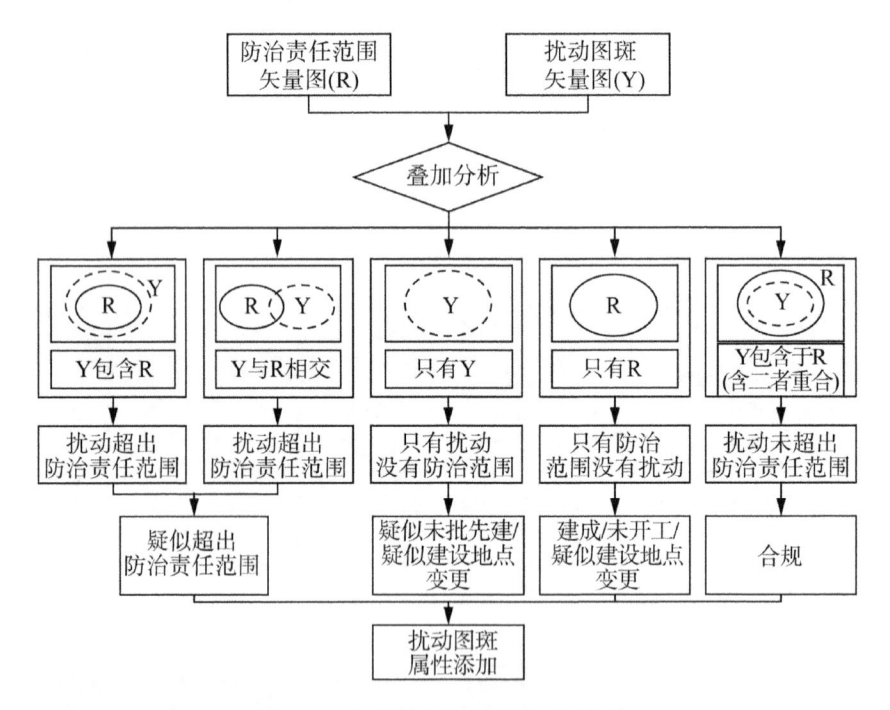

图 4-8 合规性初步分析技术路线图

扰动合规性初步分析结果包括以下几种情况。

①扰动图斑包含防治责任范围或扰动图斑与防治责任范围相交,初步判定为"疑似超出防治责任范围"(图 4-9)。

②只有扰动图斑可以将扰动合规性初步判定为两种情况:疑似未批先建,疑似建设地点变更(图 4-10)。

图 4-9 疑似超出防治责任范围

图 4-10 疑似未批先建

③只有防治责任范围的项目可能存在三种情况：项目未开工，项目已完工，疑似建设地点变更。进行合规性初步分析时，判定为"合规"（图 4-11）。

图 4-11　项目合规

④扰动图斑包含于防治责任范围,初步判定为"合规"(图 4-12)。

图 4-12　项目合规

4.8.4 遥感信息提取

因天气、场地、局部位置未拍摄完全等导致现场无人机影像无法获取或缺失时可采用高分遥感影像作为补充,数据提取方法与无人机影像提取信息一致,仅数据源有所差异。

遥感数据来源于高分辨率多源卫星影像和高分辨率航空影像。空间分辨率达亚米级,影像清晰,地物层次分明,色调一致,影像应避免坏行、缺带、斑点噪声和耀斑,项目区影像总云量不超过3%,影像数据采用GeoTIFF格式。

无人机正射影像与遥感影像叠加可确定生产建设项目的最完整扰动范围(图4-13)。

图4-13 无人机与遥感影像叠加确定最终扰动范围

4.8.5 建议与对策

(1) 加强无人机应用于水土保持监管的培训

监督检查中无人机飞行员需提前进行统一培训,并考察合格后才准予飞行,并需参照《低空数字航空摄影测量外业规范》(CH/Z 3004—2010)、《低空数字航空摄影规范》(CH/Z 3005—2010)、《低空数字航空摄影测量内业规范》

(CH/Z 3003—2010)、《数字测绘成果质量检查与验收》(GB/T 18316—2008)等相关规范执行。在进行监督检查前,对参与人员应进行统一培训,关于资料核查、现场检查、后期技术成果等应明确,形成一致的标准,有利于最终成果标准化、规范化。

（2）事前充分了解天气情况

采用无人机对现场进行航摄前,应提前了解天气状况、项目区地形地貌情况,尽量避免恶劣天气航摄,选取地形较为平坦区域进行航拍,如出现不可控因素,应选择合适时机进行二次航摄。

（3）利用各种信息化措施,实施全面监管

线性项目涉及范围较大,距离较长,建议采取遥感卫星影像和重要节点无人机航摄相结合的形式进行核查,同时加强全线现场实地检查,提高建设单位水土保持意识,将扰动范围严格控制在征占地范围内。已完工项目应加强资料收集,利用遥感影像核实施工期间实际扰动面积。

第 5 章
水土保持监督管理工作内容和流程

5.1 水土保持方案实施情况跟踪检查

5.1.1 工作内容

(1) 水土保持工作组织管理情况

有具体的部门和人员负责水土保持工作;制定水土保持工作管理制度,并明确相关单位的水土保持责任。

(2) 水土保持方案审批(含重大变更)情况、水土保持后续设计情况

水土保持方案经批准后存在下列情形之一的,生产建设单位应当补充或者修改水土保持方案,报原审批部门审批:工程扰动新涉及水土流失重点预防区或者重点治理区的;水土流失防治责任范围或者开挖填筑土石方总量增加 30% 以上的;线型工程山区、丘陵区部分线路横向位移超过 300 m 的长度累计达到该部分线路长度 30% 以上的;表土剥离量或者植物措施总面积减少 30% 以上的;水土保持重要单位工程措施发生变化,可能导致水土保持功能显著降低或者丧失的。因工程扰动范围减少,相应表土剥离和植物措施数量减少的,不需要补充或者修改水土保持方案。

在水土保持方案确定的弃渣场以外新设弃渣场的,或者因弃渣量增加导致弃渣场等级提高的,生产建设单位应当开展弃渣减量化、资源化论证,并在弃渣前编制水土保持方案补充报告,报原审批部门审批。

(3) 取、弃土(包括渣、石、砂、矸石、尾矿等)场选址及防护情况

取土(料)场、弃土(渣)场选址合适,严格按照施工图设计要求采取综合防治措施,不产生水土流失危害。

(4) 水土保持措施落实情况

根据设计和施工进度,对施工扰动土地及时采取工程、植物和临时防护措施,有效防治水土流失。实施的水土保持措施体系、等级和标准按水土保持方案要求落实。按照水土保持方案和设计要求,对生产建设活动所占用土地的地表土进行分层剥离、保存和利用。

(5) 水土保持监测、监理情况

自工程开工之日起组织对生产建设活动造成的水土流失进行监测。水

土保持监测工作应遵守国家技术标准、规范和规程,保证监测质量。监测成果中应提出"绿黄红"三色评价结论,按要求定期上报水行政主管部门。

按照水土保持监理标准和规范开展水土保持工程施工监理。对水土保持设施的单元工程、分部工程、单位工程提出质量评定意见。征占地面积在 20 hm² 以上或者挖填土石方在 20 万 m³ 以上的项目,应当配备具有水土保持专业监理资格的工程师。征占地面积在 50 hm² 以上或者挖填土石方总量在 50 万 m³ 以上的项目,应当由具有水土保持工程施工监理专业资质的单位承担监理任务。

(6) 水土保持补偿费缴纳情况

开办一般性生产建设项目的,在项目开工前一次性缴纳水土保持补偿费。开采矿产资源处于建设期的,在建设活动开始前一次性缴纳水土保持补偿费;处于开采期的,按季度缴纳水土保持补偿费。水土保持补偿费由生产建设项目所在地水行政主管部门组织征收,任何单位和个人均不得擅自减免水土保持补偿费,不得改变水土保持补偿费征收对象、范围和标准。

(7) 水行政主管部门历次检查发现问题整改落实情况

生产建设单位应当组织参建单位按照监督检查意见整改要求,在规定的时限内完成整改,向监督检查单位书面报告整改情况。确因特殊情况需延长整改时限的,应向监督检查单位提出书面申请。

(8) 水土保持法律法规要求落实的其他情况。

5.1.2　工作流程

5.1.2.1　现场检查流程

现场检查由水行政主管部门组织,采用现场检查、监督性监测、查阅资料、会议座谈等方式对生产建设项目开展水土保持现场监管。现场检查工作程序如下。

(1) 印发通知

由水行政主管部门印发开展生产建设项目水土保持现场检查的通知,提前通知相关建设单位,告知现场检查内容,要求建设单位提前准备项目水土保持工作自查报告、水土保持监测季报等相关资料以备核查。

(2) 现场检查

现场检查生产建设项目各水土流失防治分区水土保持措施实施情况,应做到覆盖所有水土保持分区、水土保持措施类型。

(3) 查阅资料

查阅生产建设项目水土保持方案、批复文件、防治责任范围图、补偿费缴纳证明、监测季报、施工监理资料、监督检查及其落实文件等相关资料了解项目水土保持工作开展情况。

(4) 座谈交流

听取生产建设单位和其他参建单位情况介绍并问询,重点关注水土保持工作组织管理情况、水土保持方案审批(含重大变更)情况、水土保持后续设计情况、表土剥离、保存和利用情况、取、弃土(包括渣、石、砂、矸石、尾矿等)场选址及防护情况、水土保持措施落实情况、水土保持监测、监理情况、水土保持补偿费缴纳情况等方面内容。

(5) 填写表格

将现场问题记录在南京市生产建设项目水土保持现场检查表或南京市生产建设项目水土保持监督性监测意见表。在检查情况表整改要求一栏中明确现场需要整改的内容,检查人员和被检查单位的有关人员共同签字确认,督促现场存在问题的建设单位及时整改。

(6) 印发意见

现场检查的结果通过当面告知建设单位。十个工作日内以书面形式印发检查意见。检查意见明确存在的问题及整改要求和时限,对发现的问题应按照生产建设项目水土保持问题分类标准认定问题性质;对存在严重问题的,检查意见中应当明确行政处罚、责任追究的意见和建议。建设单位整改后,应对整改情况进行复核。

5.1.2.2 书面检查流程

生产建设项目建设单位按照水行政主管部门要求开展水土保持工作组织管理、水土保持方案实施、水土流失情况等自查工作,并上报书面检查报告。工作程序如下。

(1) 印发通知

印发开展生产建设项目水土保持书面检查的通知,告知相关建设单位书面检查内容,明确自查报告内容、格式。

(2) 组织生产建设单位开展自查,上报自查材料

自查报告应提供项目现场近期视频及照片,需注明拍摄时间地点,也可在"南京市水土保持监督管理程序"中填报。自查报告主要反映工程建设情况、水土保持措施落实情况,重点是取弃土(渣)场的情况。工程建设情况应包含建设内容、工程开工时间、计划完工时间,主体工程进度情况完成比例。水土保持工作开展情况包含水土保持方案编报与后续设计、水土保持组织管理情况,水土保持措施实施、水土保持监测监理情况,各级水行政主管部门历次水土保持监督检查意见整改落实和反馈情况,水土保持投资落实和水土保持补偿费缴纳情况等。自查材料需盖章扫描后报送。

(3) 对自查材料进行审核和分析整理

水行政主管部门应根据生产建设单位书面自查反馈情况,开展材料核查以及其他后续调查工作。

(4) 印发自查通报

通报自查工作开展情况和发现的问题,及时向生产建设单位提出指导意见或整改要求,十个工作日内以书面形式印发检查意见。检查意见明确存在的问题及整改要求和时限,对发现的问题应按照生产建设项目水土保持问题分类标准认定问题性质;对存在严重问题的,检查意见中应当明确行政处罚、责任追究的意见和建议。对存在严重问题的生产建设项目应当及时开展现场检查。

5.1.2.3 "互联网+监管"流程

水行政主管部门组织开展生产建设项目水土保持"互联网+监管"。制定生产建设项目水土保持"互联网+监管"工作方案,采用网络信息传输、视频方式对生产建设项目水土保持开展情况进行检查。工作程序如下。

(1) 印发通知

由水行政主管部门印发生产建设项目水土保持"互联网+监管"通知并建立互联网工作群,明确检查内容和流程,有关单位按照要求准备项目水土保持工作资料。

(2) 会前资料准备

建设单位应在会前准备 2 周内项目现场影像资料,并上传至互联网工作

群。现场影像资料包括项目全景照片、无人机航摄影像和各水土流失防治分区水土保持措施照片。项目如存在高陡边坡、临时堆土以及四级以上安全风险因素弃土(渣)场、取土(料)场,应进行重点拍摄。

(3) 网络会议座谈

由水行政主管部门发起网络视频会议,听取各参建单位关于水土保持设计、监测、监理、措施落实、自主验收等工作的汇报,并观看无人机航拍影像、视频、现场照片等。针对表土剥离、保存和利用情况,取、弃土(包括渣、石、砂、矸石、尾矿等)场选址及防护情况,水土保持措施落实情况等重点问题进行会商。建设单位现场技术人员须根据水行政主管部门要求,手持移动拍摄设备进行拍摄,对重点问题进行检查核实,必要时以拍照、视频录屏等方式进行现场取证。事前现场技术人员检查好实时传输网络,以保证视频通信流畅、画面清晰。

(4) 形成问题清单,提出整改要求

由水行政主管部门及专家提出项目水土保持问题清单,将水土保持"互联网＋监管"相关内容记录在南京市生产建设项目水土保持"互联网＋监管"意见表。明确存在的主要问题及拟采取的主要整改意见,检查人员和被检查单位的有关人员共同电子签字确认,督促建设单位及时整改。

(5) 印发监管意见

十个工作日内以书面形式印发检查意见。检查意见明确存在的问题及整改要求和时限,对发现的问题应按照生产建设项目水土保持问题分类标准认定问题性质,对存在严重问题的,检查意见中应当明确行政处罚、责任追究的意见和建议。

(6) 对有限期整改任务的,应对整改情况进行现场复核。

5.1.2.4 监督性监测流程

监督性监测工作程序如下。

(1) 制定工作方案

第三方技术服务机构应制定监督性监测工作方案。工作方案应包括监督性监测目标、工作任务、工作方法等内容,监督性监测工作方案应提交至水行政主管部门审核。

(2) 现场监测

综合采用资料收集、高分辨遥感影像解译、无人机遥测、移动采集系统和现场调查等技术手段,掌握生产建设项目扰动情况,获取生产建设项目扰动位置、类型、扰动面积和防治责任范围,对生产建设项目重点部位、大中型弃(取)土(渣)场、高陡边坡等重点部位开展野外调查和现场监测工作。

(3) 分析整理监测数据

对航摄信息进行提取,制作生产建设项目防治责任范围正射影像,提取重点部位扰动范围、水土保持措施工程量、取(弃)土场位置、取(弃)土量、重点区域坡度和坡长、水土流失危害面积等信息,对防治责任范围、水土保持措施等进行定量计算分析。对比水土保持方案确定的防治责任范围和措施布局,分析生产建设活动和防治措施的合规性,全面掌握生产建设项目水土保持方案落实情况,为生产建设项目水土保持监管提供数据支撑。

(4) 审核监测成果

第三方技术服务机构应将监测成果整理为南京市生产建设项目水土保持监督性监测意见表,提交水行政主管部门进行成果审核。

5.1.3 监管重点

根据统计情况,南京市涉水土保持的项目中,房地产及城市建设类、交通运输类、水利工程类较为典型。房地产及城市建设类项目包括房地产工程、社会事业类项目、其他城建工程、加工制造类项目、其他行业项目、信息产业类项目、工业园区工程、其他电力工程、火电工程、油气储存与加工工程,占项目总数量的87.15%。交通运输类项目包括公路工程、输变电工程、城市管网工程、城市轨道交通工程、油气管道工程,占项目总数量的10.81%。水利工程类包括其他小型水利工程、堤防工程、涉水交通工程、水利枢纽工程、引调水工程、蓄滞洪区工程,占项目总数量的2.04%。三大类项目监管重点如下。

5.1.3.1 房地产类及城市建设类项目

(1) 施工准备期和基础工程期监管重点包括表土剥离及保护措施、施工围挡、洗车平台、临时排水沟、临时沉沙池、基坑排水、泥浆沉淀池、临时挡土、临时苫盖、临时绿化等措施。

(2) 装饰整理和绿化期监管重点包括排水管网、透水铺装、雨水回用系统、土地整治、地面绿化、下凹式绿地、屋顶绿化等措施。

5.1.3.2 交通运输类项目

(1) 施工准备期和路基工程期监管重点包括表土剥离及保护措施、洗车平台、路基和施工道路临时排水沟、临时沉沙池、泥浆沉淀池、临时挡土措施、临时苫盖措施、排水管网、取弃土场防护措施、高陡边坡防护等措施。

(2) 绿化期监管重点包括透水铺装、土地整治、道路绿化带等措施。

5.1.3.3 水利工程类项目

(1) 施工准备期和堤防工程期监管重点包括表土剥离及保护措施、堤顶和施工道路临时排水沟、洗车平台、临时沉沙池、施工围堰、临时挡土措施、临时苫盖措施、工程护坡等措施。

(2) 绿化期监管重点包括透水铺装、土地整治、植物护坡等措施。

5.1.4 监管指标

生产建设项目水土流失重在预防,关键在控制。应进一步完善现有生产建设项目水土流失防治标准,将偏重目标控制向过程控制与目标控制相结合方向转变。施工期是水土流失的高发时段,因此水土流失监管的重点也应放在生产建设项目施工期。现行《生产建设项目水土流失防治标准》中,生产建设项目施工期的水土流失防治指标只有渣土防护率、表土保护率两项,不能满足监管要求。在此基础上,施工期可增加三个过程控制指标:一是土石方综合利用率,为项目或项目间利用的土石方总量占项目可利用土石方总量的百分比,土石方综合利用率应参照本区域表土保护率确定;二是出水口含沙率,参照《城镇污水处理厂污染物排放标准》(GB 18918—2002)悬浮物排放标准确定一级标准≤10 mg/L,二级标准≤20 mg/L,各地可根据城市建设管理的要求,制定符合本地实际的建设项目施工场地出水口含沙率标准;三是扰动范围控制率,为项目生产建设过程中实际征占地面积占许可决定允许的征占地面积的百分比,各地可根据项目所处区域,将该指标控制在30%以下,对一些特定敏感区可要求不得超过许可范围。通过上述五项防治指标,可对项目建设过程中水土流失防治情况实施有效的全过程监督与控制。

5.2 水土保持设施自主验收情况核查

5.2.1 核查内容

核查应当依据水土保持设施验收标准和条件开展,重点核查内容包括:水土保持法定义务履行、水土流失防治任务完成情况、水土流失防治效果、水土保持工作组织管理情况等。

(1) 水土保持法定义务履行核查内容

a. 符合国家法律法规的规定和批复水土保持方案及后续设计文件的要求;

b. 涉及变更的,水土保持方案变更审批及水土保持设计变更手续完备;

c. 水土保持监理、监测工作按规定持续开展并完成相应报告;

d. 水土保持补偿费已缴纳。

(2) 水土流失防治任务完成情况核查内容

a. 相应水土保持设施已按批复的水土保持方案及后续设计要求建成,涉及水土保持的分部、单位工程已完成验收;

b. 涉及 4 级(含)以上弃渣场以及其他有必要开展安全稳定评估的弃渣场已完成安全稳定评估工作。

(3) 水土流失防治效果核查内容

a. 水土保持设施的功能基本发挥,水土流失基本得到控制;

b. 重要防护对象水土流失危害隐患已排除;

c. 水土流失防治指标达到批复的水土保持方案防治目标要求。

(4) 水土保持工作组织管理情况核查内容

a. 后期水土保持设施管护责任和水土流失防治责任已明确;

b. 各级水行政主管部门水土保持监督检查意见已落实;

c. 已编制完成水土保持设施验收报告;

d. 相应水土保持档案资料完备。

5.2.2 核查流程

验收核查工作遵循以下程序。

(1) 前期准备

年度开展水土保持验收核查项目数量不少于该年度进行水土保持自主验收报备项目总数量的10%。对核查项目验收报备材料进行审核，拟定现场抽查项目名单。

(2) 印发核查通知

印发开展生产建设项目水土保持验收核查的通知，告知相关建设单位验收核查内容，明确自查报告内容、格式。

(3) 现场抽查

采取重点抽查和随机抽查相结合的方式，查看水土保持措施实施情况和水土流失防治效果，查看范围应涵盖各水土流失防治分区，对四级以上和存在安全风险因素的弃土(渣)场、取土(料)场要重点抽查。

核查位置的选择关系到是否能全面客观准确地反映生产建设项目水土保持措施落实现状，因此应结合工程水土保持分区、水土保持措施类型以及重要防护对象等因素综合选择，且要具有代表性。结合该工程施工平面图、重要防护对象位置图和历史遥感影像，核查位置选择做到覆盖所有水土保持分区、水土保持措施类型。

(4) 查阅资料

采取集中查阅方式，查阅验收支撑材料和佐证材料的完整性、合规性和真实性。

(5) 质询答疑

采取座谈方式，说明验收是否履行规定程序、是否满足验收标准和条件，并对现场抽查和查阅资料中发现的问题进行质询。

(6) 集中讨论

对照水土保持设施验收标准，集中讨论确定核查结论。明确给出"水土保持设施验收程序履行、验收标准和条件执行方面未发现严重问题"或者"视同为水土保持设施验收不合格"的结论。对于核查结论为"视同为水土保持设施验收不合格"的，说明确定该结论的依据。

(7) 印发核查意见

将现场问题记录在《南京市生产建设项目水土保持设施自主验收核查意见》，检查人员和被检查单位的有关人员共同签字确认，十个工作日内以书面形式向生产建设单位印发核查意见,督促现场存在问题的建设单位及时整改,针对核查中发现的问题,逐条提出整改要求。对于核查结论为"视同为水土保持设施验收不合格"的,责令生产建设单位限期整改。

5.3 水土保持监督管理流程

监督管理中的技术性、基础性工作可通过政府购买方式委托第三方技术服务单位承担。

5.3.1 监管对象

(1) 监管对象包括水行政主管部门已准予水土保持方案行政许可的在建生产建设项目和已完成水行政主管部门水土保持设施验收报备回执的生产建设项目。

(2) 监管对象应负责落实生产建设项目水土保持工作,配合各级水行政主管部门监督检查。

5.3.2 监管目标

(1) 南京市级及下辖区水行政主管部门应当加强生产建设项目水土保持方案实施情况跟踪检查,宜采用现场检查、书面检查、"互联网＋监管"等方式,实现在建项目全覆盖。

(2) 每年现场检查比例应不低于本级审批方案在建的项目数量的10%。

(3) 水土保持设施自主验收主要采取现场检查的方式,核查比例不低于本级接受验收报备项目数量的10%。

5.3.3 水土保持监督管理流程图

综上,南京市生产建设项目水土保持监督管理由水土保持方案实施情况的跟踪检查和水土保持设施验收情况的核查组成。其中,水土保持方案实施情况的跟踪检查采取的主要检查方式包括现场检查、书面检查和"互联网＋监管"。

根据"3.2.5 生产建设项目监管分类方法"章节,确定监管方式与频次。

A类高风险项目,每年至少现场检查1次,可增加书面检查或"互联网＋监管"。

B类中风险项目,每年至少书面检查或"互联网＋监管"1次,抽取10%以上的项目开展现场检查。

C类低风险项目,每年至少书面检查或"互联网＋监管"1次。

历次检查中存在问题较多、不按规定提交水土保持监测季报和总结报告三色评价结论为"红"色、有群众举报、发生重大水土流失危害的项目,应纳入重点监督检查对象。

水土保持设施自主验收情况核查范围为该年度完成水土保持自主验收报备的项目,参照生产建设项目分级管理指标体系进行赋值,将四个指标得分相加得到生产建设项目验收核查得分。得分从高到低进行排序,排名在前20%的生产建设项目为A类项目,排名在前20%～50%的生产建设项目为B类项目,排名在最后50%的生产建设项目为C类项目。从A类项目抽取20%、B类项目抽取15%、C类项目抽取10%,开展水土保持验收核查。

南京市水土保持监督管理流程详见图5-1。

第 5 章
水土保持监督管理工作内容和流程

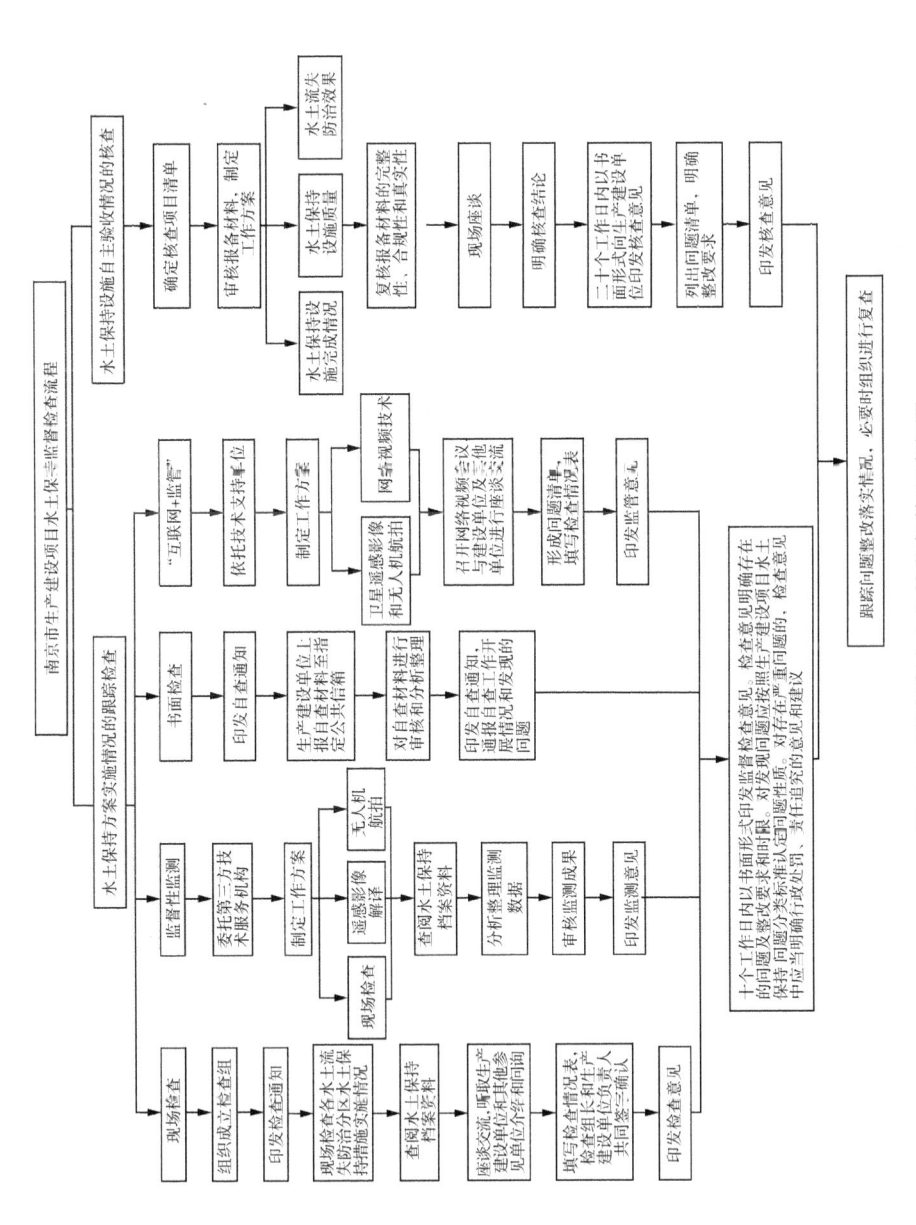

图 5-1 南京市水土保持监督管理流程图

第 6 章
结论与展望

6.1 结论

(1) 南京市生产建设项目监督管理研究

南京市各级方案审批数量和防治责任范围面积呈逐年递增趋势,水土保持方案项目类型涉及 20 种工程类型。本书综合项目类型、防治责任范围、土石方挖填总量、风险等级 4 个指标,创新性提出了南京市生产建设项目分类监管方法。对南京市生产建设项目进行赋值排序,排名在前 20% 的生产建设项目为 A 类高风险项目(监管等级高),排名在前 20%~50% 的生产建设项目为 B 类中风险项目(监管等级中),排名在后 50% 的生产建设项目为 C 类低风险项目(监管等级低),实现对生产建设项目的精准分类监管。

(2) 生产建设项目水土保持监督管理技术方法研究

本书系统分析了生产建设项目水土保持监管的各种技术方法,总结高分遥感技术、无人机摄影技术、三维激光扫描技术、视频监控技术、泥沙监控技术、智能移动终端数据管理技术等各技术方法的主要优势和不足之处。在生产建设项目水土保持监管过程中可综合使用多种技术方法,加强遥感、三维激光扫描等新技术的应用。

(3) 生产建设项目水土保持监督管理的工作内容和流程研究

通过梳理相关文件对生产建设项目水土保持监督管理的要求,提出了南京市生产建设项目水土保持监督管理标准化的工作内容和流程,明确了水土保持方案实施情况的跟踪检查和水土保持设施验收情况的监管重点。

(4) 生产建设项目水土保持监督管理标准制定

在现有法律法规与技术标准、规范的基础上,提出生产建设项目水土保持监督管理的技术方法、工作内容和工作流程,最终编制完成南京市生产建设项目水土保持监督管理技术导则。

6.2 展望

(1) 新形势下,面对高质量发展和强监管的要求,南京市水土保持监管工作需增加社会化服务,加大政府购买技术服务投入,强化技术支撑手段,提高生产建设项目水土保持工作成效。

（2）南京市及下辖区县水行政主管部门、第三方技术服务单位在监督管理工作中可参照执行本书提出的监督管理程序，提高监管效能，实现本级生产建设项目标准化、规范化、精准化监管。

参考文献

巴明坤,2019.小型无人机在生产建设项目水土保持监测中的应用[D].咸阳:西北农林科技大学.

白云,张迎,刘姗姗,等,2018.无人机在晋陕蒙接壤地区重点弃土弃渣场监管中的应用[J].中国高新科技(17):96-98.

车腾腾,聂斌斌,郭文慧,等,2020.无人机在水土保持方案跟踪检查中的应用[J].亚热带水土保持,32(4):52-54,63.

崔春梅,张佳,邱浩,2021.山东省生产建设项目水土保持信息化监管探讨[J].山东水利(7):89-90.

董秀军,2007.三维激光扫描技术及其工程应用研究[D].成都:成都理工大学.

董亚维,王略,左强,等,2020.生产建设项目水土保持区域监管的实践与思考[J].中国水土保持(6):15-17.

段东亮,张晓远,郑国权,等,2021.生产建设项目水土保持建设管理系统设计及应用[J].水利技术监督(9):23-27.

冯磊,张晓利,崔磊,2020.水电建设项目弃渣监测信息化初步研究[J].中国水土保持(8):51-53.

韩登坤,李勤,董秀好,2021.信息化在水土保持项目监管中的应用[J].山东水利(10):75-76.

黄守科,陈建辉,刘亮水,等,2021.浅析深圳城市水土流失监管[J].智能城市,7(12):113-114.

姜德文,2021.科学精准高效推进水土保持放管服改革[J].中国水利(22):41-43.

寇馨月,姜学兵,亢庆,等,2021.水土保持"天地一体化"项目监管技术体系构建与应用[J].中国水土保持科学(中英文),19(2):98-107.

兰立军,靳虎甲,2021.以有力措施落实生产建设项目水土保持强监管[J].中国水土保持(1):6-8.

李斌斌,杨胜利,程明瀚,等,2018.无人机高分辨率航拍影像在水土保持中的应用[J].北京水务(2):54-58.

李国和,高国庆,左程,等,2021.多星协同卫星遥感技术在湖南平江抽水蓄能电站水土保持监管中的应用[J].矿产勘查,12(5):1279-1284.

李想,2021.新形势下生产建设项目水土保持设施验收制约性因素分析[J].中国水土保持(8):17-20.

李智广,2019.遵守国家标准 规范和加强生产建设项目水土保持监测与评价工作[J].中国水土保持(11):1-4.

李智广,王海燕,张文星,2021.基于遥感监管的在建项目抽查工作基本做法[J].中国水土保持(2):3-6.

廖森胜,彭鹏飞,杨海斌,2022.长沙市推行水土保持"三化"管理的实践与探索[J].中国水土保持(1):21-23.

刘灿,杨浩翔,王鹏,等,2020.无人机低空遥感技术在生产建设项目水土保持监测中的应用——以某燃机电厂为例[J].亚热带水土保持,32(1):60-64.

刘娜,王兵,颜梦宇,等,2019.北京市房地产类建设项目水土保持防治指标落实情况研究[J].水利技术监督(5):1-4,19.

刘宪春,2020.强监管形势下水土保持"放管服"工作的再思考[J].中国水土保持(7):4-6,38.

刘宪春,王海燕,张文星,2020.关于水土保持监管履职督查的几点思考[J].中国水土保持(5):20-22.

刘宇,周娟,2019.生产建设项目水土保持"天地一体化"监管工作探讨[J].亚热带水土保持,31(4):60-64.

陆盛添,2021.浅谈基层水土保持监管存在的问题及相应对策建议[J].亚热带水土保持,33(1):47-49.

马红斌,周利军,2018.生产建设项目水土保持监督性监测探讨[J].中国水土保持(2):25-26.

倪用鑫,吕锡芝,杨二,等,2020.无人机低空遥测技术在水土保持监测中的应用研究[J].中国水土保持(4):33-35.

聂斌斌,王小平,李璐,等,2021.新形势下湖北生产建设项目水土保持方案管理工作的思考[J].中国水土保持(8):14-16,49.

欧阳慧,黄玥,2021.浅析深圳城市水土保持管理工作[J].绿色环保建材(11):168-169.

彭晓刚,李涛,2021.黄河流域生产建设项目水土保持专项整治行动实践与思考——以陕西省咸阳市境内省管项目为例[J].中国水土保持(4):19-21.

戚德辉,王天华,王伟民,2021.新时代杭州市生产建设项目水土保持监督管理实践与思考[J].水利规划与设计(9):27-31.

乔恋杰,万君宇,周春波,2020.生产建设项目水土保持遥感监管工作的成效与思考[J].水土保持应用技术(6):50-51.

钱洲,徐学东,丁鸣鸣,等,2020.南京市水土保持监督管理工作的思考与对策[J].亚热带水土保持,32(1):65-67,70.

沈雪建,李智广,王海燕,2021.基层机构生产建设项目水土保持监督管理履职情况分析与对策[J].中国水利(8):51-54.

石芬芬,田魏龙,万佳蕾,2019.无人机遥感技术在江西省生产建设项目水土保持监管中的应用[J].亚热带水土保持,31(4):65-67.

施明新,2018.无人机技术在生产建设项目水土保持监测中的应用[J].水土保持通报,38(2):236-240,329.

施蕊英,2019.无人机技术在水土保持设施验收中的应用[J].黑龙江水利科技,47(3):131-134.

唐元智,2021.生产建设项目水土保持监测技术方法研究进展[J].中国水土保持(12):53-57.

田仁喜,2019.探索无人机遥感系统在高速公路建设过程中的水土保持监管应用[J].低碳世界,9(9):267-268.

王敏,2020.黄河流域水土保持强监管实践与探索[J].中国水土保持(9):53-56.

王巧红,张君,王靖岚,等,2021.无人机技术在水土保持监督管理中的应用[J].四川水利(S2):75-76.

王群,陈宇,2020.生产建设项目水土保持监督性监测工作探讨[J].海河水利(6):9-11.

汪水前,2022.基于水土保持监督性监测成果复核三色评价结论的实践与思考[J].中国水土保持(1):12-15.

王志良,付贵增,韦立伟,等,2015.无人机低空遥感技术在线状工程水土保持监测中的应用探讨——以新建重庆至万州铁路为例[J].中国水土保持科学,13(4):109-113.

吴铭军,2021.河津市"强监管"时期生产建设项目水土保持监督核查工作综述[J].山西水土保持科技(3):37-38,44.

吴丽榕,2020.浅析谷歌历史图像解译成果在监管生产建设项目扰动地表情况中的应用[J].亚热带水土保持,32(4):58-60.

吴群,王田,王汉武,等,2016.现代智能视频监控研究综述[J].计算机应用研究,33(6):1601-1606.

吴永杰,龚茂林,2021.探索新时代下恩施州强化水土保持监管的举措[J].亚热带水土保持,33(3):44-45,54.

夏小林,孔琛,2020.关于现阶段生产建设项目水土保持信息化监管的思考[J].治淮(8):79-80.

徐坚,钟秀娟,王崇任,等,2019.生产建设项目水土保持"天地一体化"监管模式研究[J].中国水利(20):48-50.

姚为方,华雪莹,李雷娟,等,2021."天地一体化"技术在安徽输变电工程环水保监管核查中可靠性分析[J].矿产勘查,12(9):1964-1970.

曾宏琦,文承荣,2019.无人机遥感技术在开发建设项目水土保持监测中的应用[J].广东水利水电(8):91-95.

曾麦脉,赵院,李万能,等,2016.无人机在生产建设项目水土保持"天地一体化"监管中的应用[J].中国水土保持(11):28-31.

詹晓敏,雷婉宁,秦甦,2013.三维激光扫描技术在开发建设项目水土保持监测中应用初探[J].水土保持应用技术(6):18-19.

张娟,2021.新形势下做好基层水土保持监督管理工作的思考和建议[J].中国水土保持(6):24-26.

张军政,霍春平,张发民,等,2022.城市房地产项目水土保持方案编制要点[J].中国水土保持(2):52-57.

张学文,王电杰,刘强,等,2020.水土保持"强监管"第三方技术支撑实践——以浙江省安吉县为例[J].黑龙江水利科技,48(3):207-211.

张雅文,许文盛,韩培,等,2017.无人机遥感技术在生产建设项目水土保持监测中的应用——以鄂北水资源配置工程为例[J].中国水土保持科学,15(2):132-139.

张怡,周婷昀,2021.长三角地区生产建设活动水土保持监管实践与探索[J].中国水土保持(2):7-10.

附件
南京市生产建设项目水土保持监督管理技术导则(试行)

ICS
CCS
P

南 京 市 地 方 标 准

DB××/T×××—202×

南京市生产建设项目
水土保持监督管理技术导则(试行)

Sort management technical guidelines for water and soil conservation
of production and construction projects

(征求意见稿)202×—××—×× 发布

202×—××—××实施

南京市市场监督管理局　发 布

目　次

前　言 ·· I
1 范围 ··· 1
2 规范性引用文件 ·· 1
3 术语和定义 ··· 2
4 基本规定 ·· 3
5 生产建设项目监管分类方法 ·· 3
6 生产建设项目水土保持监管 ·· 6
7 开发区水土保持监管 ·· 11
附录 A（资料性附录）　南京市生产建设项目水土保持现场检查表
　　　　　　　　　　　··· 13
附录 B（资料性附录）　南京市生产建设项目水土保持监督性监测意见表
　　　　　　　　　　　··· 15
附录 C（资料性附录）　南京市生产建设项目水土保持书面检查自查报告
　　　　　　　　　　　··· 19
附录 D（资料性附录）　南京市生产建设项目水土保持"互联网＋监管"意见表
　　　　　　　　　　　··· 21
附录 E（资料性附录）　南京市生产建设项目水土保持设施自主验收核查意见表
　　　　　　　　　　　··· 23

前　言

本文件按照 GB/T 1.1—2020《标准化工作导则 第 1 部分:标准的结构和起草规则》的规定起草。

本标准由南京市水务局提出并归口。

本标准起草单位:水利部交通运输部国家能源局南京水利科学研究院、南京市水土保持管理中心。

本标准主要起草人:金秋、洪大林、丁鸣鸣、许兴武、卢慧中、徐学东、钱洲、朱燕飞、张颖泉、徐春、耿韧、尤俊坚、雷少华、李成超、刘春云等。

本文件为首次发布。

I

南京市生产建设项目
水土保持监督管理技术导则(试行)

1 范围

本文件确立了南京市生产建设项目水土保持监督管理的总体原则和要求,并规定了监管的工作内容、工作流程和生产建设项目分类管理办法。

2 规范性引用文件

下列条款中的条款通过本标准的引用而成为本标准的条款。凡是注日期的引用文件,其随后所有的修改单(不包括勘误的内容)或修订版均不适用于本标准,鼓励根据本标准达成协议的各方研究是否可使用这些文件的最新版本。凡是不注明日期的引用文件,其最新版本均适用于本标准。

GB/T 20465　水土保持术语

GB 50433　生产建设项目水土保持技术标准

GB/T 50434　生产建设项目水土流失防治标准

GB/T 51240　生产建设项目水土保持监测与评价标准

GB/T 51297　水土保持工程调查与勘测标准

CH/T 1009　基础地理信息数字产品1∶10 000、1∶50 000数字正射影像图

CH/Z 3003　低空数字航空摄影测量内业规范

CH/Z 3004　低空数字航空摄影测量外业规范

CH/Z 3005　低空数字航空摄影规范

SL 190　土壤侵蚀分类分级标准

SL 277　水土保持监测技术规程

SL 341　水土保持信息管理技术规程

SL 592　水土保持遥感监测技术规范

3 术语和定义

3.1 项目现场检查 project field inspection

采用现场调查、监督性监测、查阅资料、会议座谈等方式对生产建设项目开展水土保持现场监管。

3.2 项目书面检查 project written inspection

生产建设项目建设单位按照水行政主管部门要求开展水土保持工作组织管理、水土保持方案实施、水土流失情况等自查工作，并上报书面检查报告。

3.3 项目"互联网＋监管" project "Internet Plus" governance

采用网络信息传输、视频方式对生产建设项目水土保持工作组织管理、水土保持方案实施、水土流失情况等进行的检查。

3.4 项目监督性监测 project supervisory monitoring

水行政主管部门通过购买服务方式，委托第三方技术服务单位承担监督检查中的技术性、基础性工作，对生产建设项目水土保持工作组织管理、水土保持方案实施、水土流失情况等开展调查和监测。

3.5 开发区水土保持监管 soil and water conservation governance of development zones

针对已编制水土保持区域评估报告的开发区，对评估区域水土流失情况以及水土保持工作实施情况开展监管。

3.6 水土保持措施累计落实率 soil and water conservation cumulative measures ratio

生产建设项目在施工过程中实际实施的水土保持措施累计量占水土保持方案确定的对应实施时段应实施水土保持措施量的百分比。

3.7 排口悬浮物浓度 outlet suspended substances concentration

生产建设项目施工工地与市政管网连接的排水出口处的悬浮物浓度。

3.8 区域土方综合利用率 region percentage of soil and stone comprehensive utilization

在一定区域范围内所有生产建设项目综合利用本区域土石方总量占该区域余方总量的百分比。

3.9 防治责任范围控制率 disturbance range control rate

项目生产建设过程中实际扰动面积占水土保持方案行政许可批复的水土流失防治责任范围的百分比。

4 基本规定

4.1 水土保持监督管理包括生产建设项目水土保持监管和区域水土保持监管两种类型。生产建设项目水土保持监管，包括对生产建设单位水土保持方案实施情况的跟踪检查和水土保持设施自主验收情况的核查。区域水土保持监管包括生产建设项目和公共区域的监管。

4.2 监督管理中的技术性、基础性工作可通过政府购买方式委托第三方技术服务单位承担。

4.3 监管对象包括水行政主管部门已准予水土保持方案行政许可的在建生产建设项目和已完成水行政主管部门水土保持设施验收报备的生产建设项目。监管对象应按照法律、法规要求落实生产建设项目水土保持工作，配合监督检查。

5 生产建设项目监管分类方法

5.1 生产建设项目分级管理指标

5.1.1 按照水土流失影响程度，将生产建设项目类型划分为 T_I（极严重)、T_{II}(严重)、T_{III}(中等)、T_{IV}(轻度)4类。

表1 南京市生产建设项目水土流失影响程度

水土流失影响程度		涉及工程类别
T_I	极严重	公路工程、铁路工程、露天金属矿、机场工程、露天非金属矿和露天煤矿等6类
T_{II}	严重	水利枢纽工程、水电枢纽工程、油气管道工程、引调水工程、堤防工程等5类
T_{III}	中等	涉水交通工程、风电工程、井采煤矿、井采金属矿、井采非金属矿、油气开采工程、城市轨道交通工程、火电工程、工业园区工程等9类
T_{IV}	轻度	灌区工程、蓄滞洪区工程、其他小型水利工程、油气储存与加工工程、管网工程、加工制造类项目、输变电工程、房地产工程、其他类城建工程、社会事业类项目、信息产业类项目、其他行业项目、林浆纸一体化工程、农林开发工程等14类

5.1.2 按照生产建设项目防治责任范围,将生产建设项目划分为R_I(防治责任范围大)、R_{II}(防治责任范围较大)、R_{III}(防治责任范围一般)、R_{IV}(防治责任范围较小)4类。

表2 生产建设项目防治责任范围等级

等级		所在分区
R_I	防治责任范围大	防治责任范围≥50 hm²
R_{II}	防治责任范围较大	15 hm²≤防治责任范围<50 hm²
R_{III}	防治责任范围一般	5 hm²≤防治责任范围<15 hm²
R_{IV}	防治责任范围较小	防治责任范围<5 hm²

5.1.3 按照生产建设项目土石方挖填方总量,将生产建设项目划分为S_I(土石方量大)、S_{II}(土石方量较大)、S_{III}(土石方量一般)、S_{IV}(土石方量较小)4类。

表3 生产建设项目土石方挖填方总量等级

等级		所在分区
S_I	土石方量大	土石方挖填总量大≥50万 m³
S_{II}	土石方量较大	15万 m³≤土石方挖填总量<50万 m³
S_{III}	土石方量一般	5万 m³≤土石方挖填总量<15万 m³
S_{IV}	土石方量较小	土石方挖填总量<5万 m³

5.1.4 按照生产建设项目水土流失风险等级,将生产建设项目划分为H_I(高风险区域)、H_{II}(较高风险区域)、H_{III}(一般风险区域)、H_{IV}(低风险区域)4类。

表 4 生产建设项目水土流失风险等级分类

等级		所在分区
H_I	高风险区域	南京市水土流失重点预防区
H_{II}	较高风险区域	南京市水土流失重点治理区
H_{III}	一般风险区域	南京市水土流失易发区面积
H_{IV}	低风险区域	不属于以上的区域

5.2 生产建设项目分类监管方式与频次

5.2.1 根据项目类型、防治责任范围、土石方挖填总量、风险等级对生产建设项目进行赋值,采用公式(1)计算可得到该生产建设项目监管等级得分。对所有在建生产建设项目监管等级得分从高到低进行排序,排名在前20%的生产建设项目为A类高风险项目(监管等级高),排名在前20%～50%的生产建设项目为B类中风险项目(监管等级中),排名在最后50%的生产建设项目为C类无风险项目(监管等级低)。此外,挖填总量超过200万 m^3、现场堆土高度超过10 m项目也应列入A类高风险项目。

$$F = T + R + S + H \tag{1}$$

公式(1)中:

　　F—生产建设项目监管等级得分;

　　T—项目类型赋值分数;

　　R—防治责任范围赋值分数;

　　S—土石方挖填总量赋值分数;

　　H—风险等级赋值分数。

5.2.2 针对不同监管等级的项目,水土保持方案实施情况跟踪检查方式与频次可参照以下方式开展:

a) A类高风险项目,每年至少现场检查1次,可增加书面检查或"互联网＋监管"。

b) B类中风险项目,每年至少书面检查或"互联网＋监管"1次,抽取10%以上的项目开展现场检查。

c) C类低风险项目,每年至少书面检查或"互联网＋监管"1次。

d）历次检查中存在问题较多、不按规定提交水土保持监测季报、监测季报和总结报告三色评价结论为"红"色、有群众举报、发生重大水土流失危害的项目，应纳入重点监督检查对象。

5.3.3 水土保持设施自主验收情况核查范围为该年度完成水土保持自主验收报备的项目，参照生产建设项目分级管理体系进行赋值，将4个指标得分相加得到生产建设项目验收核查得分，得分从高到低进行排序，排名在前20%的生产建设项目为A类项目，排名在前20%~50%的生产建设项目为B类项目，排名在最后50%的生产建设项目为C类项目。从A类项目抽取20%、B类项目抽取15%、C类项目抽取10%，开展水土保持验收核查。

表5 南京市生产建设项目分级管理指标体系

等级＼因子	项目类型 T	防治责任范围 R	土石方 S	风险等级 H
Ⅰ	$T_Ⅰ$ 赋值25	$R_Ⅰ$ 赋值[20,25]	$S_Ⅰ$ 赋值[20,25]	$H_Ⅰ$ 赋值25
Ⅱ	$T_Ⅱ$ 赋值20	$R_Ⅱ$ 赋值[16,20)	$S_Ⅱ$ 赋值[16,20)	$H_Ⅱ$ 赋值20
Ⅲ	$T_Ⅲ$ 赋值16	$R_Ⅲ$ 赋值[12,16)	$S_Ⅲ$ 赋值[12,16)	$H_Ⅲ$ 赋值16
Ⅳ	$T_Ⅳ$ 赋值12	$R_Ⅳ$ 赋值[10,12)	$S_Ⅳ$ 赋值[10,12)	$H_Ⅳ$ 赋值12

注：①防治责任范围在0~200 hm^2，分数按照上表进行插值计算，超过200 hm^2 时，赋值为25。土石方在0~200万 m^3，分数按照上表进行插值计算，超过200万 m^3 时，赋值为25。针对不同监管等级的项目，合理确定检查方式与检查频次。

6 生产建设项目水土保持监管

6.1 资料准备

生产建设项目基础资料收集应包括水土保持方案报告书、水土保持方案变更报告书、报告表、批复文件、防治责任范围矢量图、补偿费缴纳证明、历次监督检查及问题整改情况等。

6.2 水土保持方案实施情况跟踪检查

6.2.1 工作内容

6.2.1.1 水土保持工作组织管理情况：

a) 生产建设单位应有具体的部门和人员负责水土保持工作；

b) 生产建设单位应制定水土保持工作管理制度,并明确相关单位的水土保持责任。

6.2.1.2 水土保持方案审批(含重大变更)情况、水土保持后续设计情况。

a) 水土保持方案经批准后存在下列情形之一的,生产建设单位应当补充或者修改水土保持方案,报原审批部门审批：工程扰动新涉及水土流失重点预防区或者重点治理区的；水土流失防治责任范围或者开挖填筑土石方总量增加30%以上的；线型工程山区、丘陵区部分线路横向位移超过300 m的长度累计达到该部分线路长度30%以上的；表土剥离量或者植物措施总面积减少30%以上的；水土保持重要单位工程措施发生变化,可能导致水土保持功能显著降低或者丧失的。因工程扰动范围减少,相应表土剥离和植物措施数量减少的,不需要补充或者修改水土保持方案。

b) 在水土保持方案确定的弃渣场以外新设弃渣场的,或者因弃渣量增加导致弃渣场等级提高的,生产建设单位应当开展弃渣减量化、资源化论证,并在弃渣前编制水土保持方案补充报告,报原审批部门审批。

6.2.1.3 取、弃土(包括渣、石、砂、矸石、尾矿等)场选址及防护情况：

a) 取土(料)场、弃土(渣)场应选址合适；

b) 取、弃土场应采取综合防治措施,不产生水土流失危害。

6.2.1.4 水土保持措施落实情况：

a) 应根据设计和施工进度,按照批复的水土保持方案要求对施工扰动区域及时采取工程、植物和临时防护措施,形成有效的水土流失防治措施体系；

b) 应按照水土保持方案和设计要求,在地表扰动前对生产建设项目区内宜进行表土剥离区域的表土进行分层剥离、保存和利用；

c) 实施的水土保持措施体系、等级和标准不应低于水土保持方案要求。

6.2.1.5 水土保持监测、监理情况：

a）自工程开工之日起应组织对生产建设活动造成的水土流失进行监测。水土保持监测工作应遵守国家技术标准、规范和规程，保证监测质量。监测成果中应提出"绿黄红"三色评价结论，按要求定期上报水行政主管部门。

b）应按照水土保持监理标准和规范开展水土保持工程施工监理。对水土保持设施的单元工程、分部工程、单位工程提出质量评定意见。征占地面积在 50 hm² 以上或者挖填土石方在 50 万 m³ 以上的项目，应当配备具有水土保持专业监理资格的工程师。征占地面积在 200 hm² 以上或者挖填土石方总量在 200 万 m³ 以上的项目，应当由具有水土保持工程施工监理专业资质的单位承担监理任务。

6.2.1.6 水土保持补偿费缴纳情况：

a）开办一般性生产建设项目的，在项目开工前应一次性缴纳水土保持补偿费；

b）开采矿产资源处于建设期的，在建设活动开始应前一次性缴纳水土保持补偿费；处于开采期的，应按年度缴纳水土保持补偿费。

6.2.1.7 水行政主管部门历次检查发现问题整改落实情况：生产建设单位应当组织参建单位按照监督检查意见整改要求，在规定的时限内完成整改，向监督检查单位书面报告整改情况。确因特殊情况需延长整改时限的，应向监督检查单位提出书面申请。

6.2.1.8 水土保持法律法规要求落实的其他情况。

6.2.1.9 监管指标

监管指标包括：

a）市政管网排口悬浮物浓度≤150 g/m³；

b）水土保持措施累计落实率≥80%；

c）防治责任范围控制率＜130%。

6.2.2 工作流程

6.2.2.1 现场检查应通过查看现场、查阅资料、座谈交流，检查生产建设项目水土保持方案实施情况。工作程序如下：

a）印发通知。

b）现场检查。现场检查生产建设项目各水土流失防治分区水土保持措施实施情况,应做到覆盖所有水土保持分区、水土保持措施类型。

c) 查阅水土保持档案资料。

d) 座谈交流。听取生产建设单位和其他参建单位关于水土保持工作情况介绍并问询。

e) 填写南京市生产建设项目水土保持现场检查表(见附录A),若同时进行监督性监测工作,需填写南京市生产建设项目水土保持监督性监测意见表(见附录B),检查人员和被检查单位的有关人员共同签字确认。

f) 印发检查意见。对有限期整改任务的,应对整改情况进行复核。

6.2.2.2 书面检查由水行政主管部门组织,通过组织生产建设单位开展自查,上报自查资料,检查生产建设项目水土保持方案实施情况。工作程序如下:

a) 印发通知。

b) 组织生产建设单位开展自查,上报自查材料。自查报告应提供项目现场近期视频及照片,需盖章扫描后报送。自查报告内容、格式见附录C。

c) 对自查材料进行审核和分析整理。

d) 印发自查通报。通报自查工作开展情况和发现的问题,对存在严重问题的生产建设项目应当及时开展现场检查。

6.2.2.3 "互联网+监管"工作程序如下:

a) 印发通知。建立互联网工作群,明确检查内容和流程,有关单位按照要求准备项目水土保持工作资料。

b) 会前资料准备。建设单位应在会前准备2周内项目现场影像资料,并上传至互联网工作群。现场影像资料包括项目全景照片、无人机航摄影像和各水土流失防治分区水土保持措施照片。项目如存在高陡边坡、临时堆土以及四级以上安全风险因素弃土(渣)场、取土(料)场,应进行重点拍摄。

c) 网络会议座谈。发起视频会议,水行政主管部门与建设单位及参建各方进行线上座谈交流,对项目水土流失重点防治区逐一进行检查核实。针对重点问题进行会商。

d) 形成问题清单,提出整改要求。由水行政主管部门及专家提出项目水土保持问题清单,将水土保持"互联网+监管"相关内容记录在南京市生产建设项目水土保持"互联网＋监管"意见表(见附录 D)。明确存在的主要问题及拟采取的主要整改意见,检查人员和被检查单位的有关人员共同电子签字确认,督促建设单位及时整改。

e) 印发监管意见。十个工作日内以书面形式印发检查意见。对有限期整改任务的,应对整改情况进行现场复核。

6.3 水土保持设施自主验收情况核查

6.3.1 核查内容

包括水土保持法定义务履行、水土流失防治任务完成情况、水土流失防治效果、水土保持工作组织管理情况等。

6.3.1.1 水土保持法定义务履行核查内容如下：

a) 符合国家法律法规的规定和批复水土保持方案及后续设计文件的要求；

b) 涉及变更的,水土保持方案变更审批及水土保持设计变更手续完备；

c) 水土保持监理、监测工作按规定持续开展并完成相应报告；

d) 水土保持补偿费已缴纳。

6.3.1.2 水土流失防治任务完成情况核查内容如下：

a) 相应水土保持设施已按批复的水土保持方案及后续设计要求建成,涉及水土保持的分部、单位工程已完成验收；

b) 涉及 4 级(含)以上弃渣场以及其他有必要开展安全稳定评估的弃渣场已完成安全稳定评估工作。

6.3.1.3 水土流失防治效果核查内容如下：

a) 水土保持设施的功能基本发挥,水土流失基本得到控制；

b) 重要防护对象水土流失危害隐患已排除；

c) 水土流失防治指标达到批复的水土保持方案防治目标要求。

6.3.1.4 水土保持工作组织管理情况核查内容如下：

a) 后期水土保持设施管护责任和水土流失防治责任已明确；

b) 各级水行政主管部门水土保持监督检查意见已落实；

c) 已编制完成水土保持设施验收报告；

d) 相应水土保持档案资料完备。

6.3.2 水土保持设施自主验收情况核查程序

a) 前期准备,对核查项目验收报备材料进行审核,根据生产建设项目监管等级划分拟定现场抽查项目名单。

b) 印发核查通知。

c) 现场抽查,采取重点抽查和随机抽查相结合的方式,查看水土保持措施实施情况和水土流失防治效果,查看范围应涵盖各水土流失防治分区,对四级以上和存在安全风险因素的弃土(渣)场、取土(料)场要重点抽查。

d) 查阅资料,采取集中查阅方式,查阅验收支撑材料和佐证材料的完整性、合规性和真实性。

e) 质询答疑,采取座谈方式,说明验收是否履行规定程序、是否满足验收标准和条件,并对现场抽查和查阅资料中发现的问题进行质询。

f) 集中讨论,对照水土保持设施验收标准,集中讨论确定核查结论。

g) 印发核查意见:将现场问题记录在南京市生产建设项目水土保持设施自主验收核查意见表(附录E),十个工作日内以书面形式向生产建设单位印发核查意见,督促现场存在问题的建设单位及时整改,针对核查中发现的问题,逐条提出整改要求。对核查结论为"视同为水土保持设施验收不合格"的,应当列出核查发现的问题清单,责令生产建设单位限期整改。

7 开发区水土保持监管

7.1 组织管理

7.1.1 实施水土保持区域评估范围内的生产建设项目水土保持监测工作由区域管理机构统一组织开展。区域水土保持监测单位应按技术标准要求开展水土保持监测工作,按时向监管单位报送开发区水土保持监测季报表、年度报表和监测总结报告。

7.1.2 开发区管理机构和区域水土保持监测单位应建立工作联席机制,做好入驻园区的建设单位的水土保持法律法规宣传工作。督促建设单位按规定编制水土保持方案,落实水土流失防治责任,每季度向区域水土保持监测单位报送主体工程和水土保持工作进展情况,完工后及时开展水土保持设施自主验收。

7.2 监管内容

7.2.1 监管单位应及时收集开发区内生产建设项目水土保持方案、区域水土保持监测报告等资料,掌握区域内生产建设项目水土保持动态状况,并开展生产建设项目监督管理工作。具体工作方法参照第 6 章生产建设项目水土保持监管的相关要求。

7.2.2 监管单位应加强对公共区域土方综合利用情况、土方中转场水土流失防护情况、表土剥离和保护情况等的监督管理。

7.3 监管指标

7.3.1 区域土方综合利用率≥95%。

7.3.2 表土保护率≥92%。

附录 A

(资料性附录)

南京市生产建设项目水土保持现场检查表

项目名称			检查时间	
建设单位 (项目法人)	名称		主体工程开工 (竣工)时间	
	地址/邮编			
	联系人/电话			
水土保持方案	编制单位		批复时间及文号	
水土保持组织管理	管理机构			
	规章制度			
水土保持后续设计	设计单位		批复时间及文号	
水土保持方案变更管理	变更内容			
	审批备案			
建设期间施工单位水土流失防治责任落实情况				
水土保持监测工作落实情况	监测单位			
	开展时间		定期报告情况	
水土保持监理工作落实情况	监理方式	纳入主体专业监理	监理资质证书编号	
	监理单位		是否配备专业人员	
水土保持投资落实情况				
水土保持补偿费缴纳情况				
项目实施形象进度	主体工程			
	水土保持措施			
水土流失危害事件及原因				
水土保持档案资料建档情况				
项目建设对生态敏感区的影响				
水土保持设施验收技术评估	评估单位			
	委托时间			

续表

取(弃)土(渣)场选址及防护措施落实情况	提供经批准的水土保持方案中关于取(弃)土(渣)场的布设、水土保持防护措施要求及现场实际布设、措施落实情况。
项目所在地各级水行政主管部门历次检查整改落实情况	
本次检查存在的主要问题及拟采取的主要整改意见	

建设单位(签字):　　　　　　　　　　　　　　检查单位(签字):

附录 B
（资料性附录）

南京市生产建设项目水土保持监督性监测意见表

日期：＿＿年＿＿月＿＿日

<table>
<tr><td colspan="2" rowspan="6">项目基本情况</td><td>项目名称</td><td colspan="4"></td><td>项目类别</td><td></td></tr>
<tr><td>项目所在位置</td><td>行政区</td><td></td><td>街道</td><td></td><td>具体位置</td><td></td></tr>
<tr><td>建设单位</td><td colspan="4"></td><td>施工单位</td><td></td></tr>
<tr><td>水土保持方案批复文号</td><td colspan="4"></td><td>水土保持监测单位</td><td></td></tr>
<tr><td>项目开工时间</td><td colspan="4"></td><td>计划完工时间</td><td></td></tr>
<tr><td>项目建设进展情况</td><td colspan="6"></td></tr>
<tr><td rowspan="4">水土保持情况</td><td colspan="2">水土保持方案变更情况</td><td colspan="6">□未按要求进行水土保持方案变更</td></tr>
<tr><td colspan="2">水土保持后续设计情况</td><td colspan="3">□未开展水土保持初步设计</td><td colspan="3">□未开展水土保持施工图设计</td></tr>
<tr><td colspan="2">水土保持监测开展情况</td><td colspan="3">□未开展水土保持监测工作</td><td colspan="3">□未及时向水行政主管部门报送水土保持监测季报＿＿次</td></tr>
<tr><td colspan="2">水土保持设施验收情况</td><td colspan="3">□已竣工并已投产使用，未按要求开展水土保持设施自主验收</td><td colspan="3">□已组织开展水土保持设施验收但未备案</td></tr>
</table>

15

续表

		弃渣未堆放在水土保持方案确定的弃渣场 ___ 处
弃渣堆置		施工中乱弃乱倒或顺坡弃渣 ___ 处
		弃渣场存在严重水土流失问题或危害隐患 ___ 处
		未按要求限期清理违规弃渣 ___ 处
		未按要求实施土方分层碾压堆放 ___ 处
扰动范围控制		未严格控制施工扰动范围,造成 1 000 m² 以上随意扩大的施工扰动区 ___ 处
边坡削坡开级		边坡削坡开级不符合要求,形成高陡边坡,存在水土流失问题或隐患 ___ 处
水土保持措施落实情况	表土剥离与保护	实施表土剥离与保护 ___ 处
		存在面积 1 000 m² 以上独立施工扰动区未按要求实施表土剥离与保护 ___ 处
	截排水措施	布设截排水 ___ 处
		截排水沟标准、断面尺寸、布设方式等明显不合理 ___ 处
		截排水沟存在中断、顺接等问题、截排水体系不完善 ___ 处
	沉沙措施	布设沉沙池 ___ 处
		沉沙池标准、断面尺寸、布设位置等明显不合理 ___ 处
		项目区排水口未设置沉沙池 ___ 处
		沉沙池存在淤积或损毁情况 ___ 处
	拦挡措施	布设拦挡措施 ___ 处
		无拦挡措施 ___ 处
		拦挡措施标准、断面尺寸、布设位置等明显不合理 ___ 处
		拦挡措施不连续,存在损毁情况 ___ 处

16

续表

水土保持措施落实情况	覆盖措施	布设覆盖措施 ___ 处 现场覆盖措施不完全,材料不正确,存在水土流失隐患 ___ 处
	洗车平台	布设洗车平台 ___ 处 洗车平台配套沉沙池规格、尺寸不符合要求 ___ 处 洗车平台设施破损,沉沙池淤积或破损壁,无法发挥水土流失防治作用 ___ 处
	历次整改落实情况	

排口编号/位置	工程措施	植物措施	测定时间/是否暴雨后	测定结果
排口悬浮物浓度				
水土保持措施累计落实率(是否达到50%)				临时措施

整改要求: 经过现场监督性监测,项目存在的上述水土流失隐患,请及时整改完善。如不按要求整改到位,将依据办水保函〔2020〕564号文,对项目建设、施工单位进行责任追究。其他要求:见表格附件

监督性监测人员签名:　　　　　　建设单位代表签名:　　　　　　施工单位代表签名:

其他单位人员签名:

17

表格附件提纲：

一、现场照片

照片 1	照片 2
监测分区： 现场情况： 问题和建议：	监测分区： 现场情况： 问题和建议：
照片 3	照片 4
监测分区： 现场情况： 问题和建议：	监测分区： 现场情况： 问题和建议：

二、重点信息提取

1. 防治责任范围

2. 重点部位

（1）高陡边坡

说明高陡边坡的位置、高度、坡度、坡长、水土流失防护等情况。

（2）临时堆土

说明临时堆土的面积、土方量、堆高、坡度、坡长、水土流失防护等情况。

（3）排口悬浮物浓度

说明取样照片，浓度

三、主要监督性监测意见

四、后期工作要求

附录 C
（资料性附录）

南京市生产建设项目水土保持书面检查自查报告

关于××项目水土保持书面检查的报告

1. 生产建设项目基本情况

生产建设项目基本情况包括：项目主要技术指标，主要建设内容、工程开工时间、计划完工时间，主体工程进度情况完成比例，水土保持工程、植物措施进度情况完成比例。

2. 水土保持工作开展情况

2.1 水土保持方案编报与后续设计

水土保持方案批复情况。

水土保持初步设计、施工图设计情况。

对照《水利部生产建设项目水土保持方案变更管理规定（试行）》（办水保〔2016〕65号）介绍水土保持方案变更及审批或备案情况，弃土场是否在水土保持方案确定的地点等情况。

2.2 水土保持组织管理情况

水土保持工作组织管理体系包括水土保持管理机构、人员、制度落实情况，水土保持任务与投资是否在招标文件和施工合同中细化落实等。

2.3 水土保持措施实施

水土保持工程措施、植物措施、临时措施的施工进度和工程量情况，以及水土流失防治效果。

弃土（渣）场、取土场对比水土保持方案的位置及数量变化情况及防护情况。

项目建设区地表土的分层剥离、保存和利用情况。

2.4 水土保持监测监理情况

水土保持监测情况，包括监测单位、监测人员、监测过程、监测设施、监测结果和结论，是否按时报送监测季报材料等。

水土保持监理情况,包括监理单位、监理人员、监理过程以及对水土保持工程质量、进度和投资的控制情况。

2.5 各级水行政主管部门历次水土保持监督检查意见整改落实和反馈情况(注意说明是否整改到位,并附有关佐证照片)。

2.6 水土保持投资落实和水土保持补偿费缴纳情况(提供水土保持补偿费交纳凭证)。

附录 D
(资料性附录)

南京市生产建设项目水土保持"互联网＋监管"意见表

项目名称			工作群组建时间	
建设单位 (项目法人)	名称		主体工程开工 (竣工)时间	
	地址/邮编			
	联系人/电话			
会议参加单位			网络会议时间	
水土保持 影像资料	拍摄时间		拍摄基本路线	
	重点内容			
水土保持方案	编制单位		批复时间及文号	
水土保持 组织管理	管理机构			
	规章制度			
水土保持后续设计	设计单位		批复时间及文号	
水土保持方 案变更管理	变更内容			
	审批备案			
建设期间施工单位水土 流失防治责任落实情况				
水土保持监测 工作落实情况	监测单位			
	开展时间		定期报告情况	
水土保持监理 工作落实情况	监理方式	纳入主体 专业监理	监理资质证书编号	
	监理单位		是否配备专业人员	
水土保持投资落实情况				
水土保持补偿费缴纳情况				
项目实施 形象进度	主体工程			
	水土保持措施			
水土流失危害事件及原因				
水土保持档案资料建档情况				
项目建设对生态敏感区的影响				

续表

水土保持设施验收技术评估	评估单位	
	委托时间	
取(弃)土(渣)场选址及防护措施落实情况	提供经批准的水土保持方案中关于取(弃)土(渣)场的布设、水土保持防护措施要求及现场实际布设、措施落实情况。	
项目所在地各级水行政主管部门历次检查整改落实情况		
本次检查存在的主要问题及拟采取的主要整改意见		
附现场照片	照片1 位置： 时间： 存在问题：	照片2 位置： 时间： 存在问题：

附现场照片	照片1	照片2	照片3	照片4
	位置： 时间： 存在问题：	位置： 时间： 存在问题：	位置： 时间： 存在问题：	位置： 时间： 存在问题：

建设单位(电子签字)：　　　　　　　　　　　检查单位(电子签字)：

附录 E
（资料性附录）

南京市生产建设项目水土保持设施自主验收核查意见表

×××建设项目

水土保持设施自主验收核查意见表

编号（2022）03 号

一、基本情况		
项目情况	项目名称	
	方案（含变更）批复部门、文号及时间	
	生产建设单位	
	验收时间	
	报备回执出具部门及时间	
核查组织情况	组织单位	
	参加单位	
	参加人员	
	核查日期	
二、核查情况		
验收主要程序履行、验收标准和条件执行情况		
存在问题		

23

续表

三、核查结论及整改要求	
核查结论	验收程序、验收标准和条件执行方面未发现严重问题 □ 视同为水土保持设施验收不合格 □
整改要求	 　　　　　　　　　　　　　　　　核查单位:(盖章) 　　　　　　　　　　　　　　　　　　年　月　日
核查单位 人员签字	
被核查单位 人员签字	